国家电网公司
STATE GRID
CORPORATION OF CHINA

国家电网公司
农网百佳工程

（2013年版）

国家电网公司农电工作部　编

U0286969

中国电力出版社
CHINA ELECTRIC POWER PRESS

图书在版编目（CIP）数据

国家电网公司农网百佳工程：2013年版 / 国家电网公司
农电工作部编. — 北京：中国电力出版社，2014.12（2015.1重印）
  ISBN 978-7-5123-5595-8

  Ⅰ. ①国… Ⅱ. ①国… Ⅲ. ①农村配电—电力工程—
建设—概况—中国 Ⅳ. ①TM727.1

  中国版本图书馆CIP数据核字(2014)第035565号

中国电力出版社出版、发行
（北京市东城区北京站西街19号　100005　http://www.cepp.sgcc.com.cn）
北京瑞禾彩色印刷有限公司印刷
各地新华书店经售

*

2014年12月第一版　2015年1月北京第二次印刷
710毫米×980毫米　16开本　8.25印张　113千字
印数4001—4500册　定价**48.00**元

前　言

2010年以来，国家电网公司认真贯彻党中央、国务院决策部署，积极组织实施农网改造升级工程。截至2013年底，累计完成投资1873.8亿元，新建和改造变电站5270座、高低压线路79.6万km、配电变压器32.7万台，共解决县域"孤网"9个，解决与主网联系薄弱县域电网171个，新增机井通电13.83万眼，受益农田99.4万余亩。通过实施农网改造升级工程，农网供电保障能力和服务水平不断提高，农村供电条件明显改善，农村电能消费呈现强劲增长态势，有力促进了农村经济与社会发展。

公司在组织实施农网改造升级工程过程中，认真贯彻落实《国家发展改革委关于实施新一轮农村电网改造升级工程的意见》，紧紧围绕建设"新型农村电网"目标要求，积极应用新技术、新设备，大力推广典型供电模式和"三通一标"，有力促进了农网工程建设和管理水平的提高。2013年公司继续开展优质工程创建活动，77.5%的农网工程达到公司优质工程标准。在此基础上，评选命名了"农网百佳工程"，其中35kV变电工程16个、35kV线路工程9个、10kV线路工程32个、配电台区工程43个。

"农网百佳工程"在工程管理、设计理念、建设质量、施工工艺等方面均有重要的学习、借鉴和推广价值。为此，公司将"百佳工程"先进经验汇集成册，按照不同类型，对项目管理情况、主要特点、施工工艺等进行全景展示，供各单位和广大县供电企业对标学习，不断提高工程建设质量。

本书在编写过程中得到公司系统各省（自治区、直辖市）电力公司的大力支持，在此表示感谢。

国家电网公司农电工作部

2014年2月

国家电网公司
关于命名2013年度农网百佳工程的通知

各省（自治区、直辖市）电力公司：

2013年，各单位按照公司统一部署，加强农网工程标准化建设，在实施农网改造升级工程中积极开展优质工程创建工作，有力促进了农网工程建设质量与规范管理。依据《国家电网公司农网优质工程评选办法（试行）》（国家电网农〔2012〕1199号）有关"农网百佳工程"评选要求，在各单位严格把关、认真推荐基础上，经公司对申报资料严格审查，决定授予安徽蚌埠35千伏城东变电站新建工程等100个项目"国家电网公司2013年度农网百佳工程"称号（名单见附件）。有关对"农网百佳工程"的奖励事宜由各省（自治区、直辖市）电力公司视具体情况安排。

希望各单位充分发挥"农网百佳工程"典型示范作用，认真借鉴入选项目工程管理方法和施工工艺，建立完善的农网优质工程评选常态机制，深入推进农网优质工程创建工作，不断提升工程建设质量和管理水平。公司将组织编制《2013年度农网百佳工程名录》，总结和推广其先进经验，并不定期对"农网百佳工程"项目进行现场抽查。

国家电网公司

2013年10月17日

国家电网公司2013年度农网百佳工程项目一览表

序号	所属省公司	项 目 名 称	所属市公司	所属县公司
		35千伏变电工程		
1	安徽公司	35千伏城东变电站新建工程	蚌埠	五河
2	江西公司	35千伏新圩变电站新建	吉安	吉安郊区
3	福建公司	清流35千伏沙芜变电站工程	三明	清流
4	山东公司	成武党集卢庄35千伏变电工程	菏泽	成武
5	重庆公司	垫江白家35千伏变电站工程	重庆市	垫江
6	天津公司	史各庄35千伏变电站工程	天津市	宝坻
7	宁夏公司	兴旺35千伏变电站工程	吴忠	红寺堡
8	安徽公司	35千伏柿树变电站工程	合肥市	肥西
9	江西公司	35千伏柘港变电站新建	赣东北	鄱阳县
10	天津公司	口东35千伏变电站工程	天津市	宝坻
11	甘肃公司	35千伏靖安输变电工程（变电工程）	白银供	靖远
12	四川公司	35千伏安溪变电站新建工程	自贡	富益
13	湖南公司	金溪35千伏变电站工程	衡阳市	衡阳县
14	山西公司	罗城35千伏变电站新建改造工程	吕梁市	汾阳
15	新疆公司	哈密市星星峡35千伏变电站工程	哈密	哈密市
16	河南公司	五头35千伏变电站工程	洛阳公司	新安
		35千伏线路工程		
1	山西公司	吴村—李店35千伏线路改造工程	运城	永济
2	河南公司	泗陶35千伏输电线路工程	南阳	唐河
3	天津公司	大口屯35千伏线路工程	天津市	宝坻
4	河北公司	花塔35千伏线路新建工程	保定	唐县
5	新疆公司	乌什塔拉35千伏线路工程	巴州	和硕县
6	冀北公司	西山110千伏配套35千伏线路工程	张家口	万全
7	山西公司	东凌井35千伏线路工程	太原	阳曲
8	黑龙江公司	35千伏佰兴输电工程	齐齐哈尔	泰来县
9	甘肃公司	110千伏夹河变电站至35千伏焦家庄变线路工程	金昌	永昌县

序号	所属省公司	项 目 名 称	所属市公司	所属县公司
		10千伏线路工程		
1	湖南公司	麻阳上垄头至城东I回308线路改造工程	怀化	麻阳
2	冀北公司	南孝城110千伏站配套10千伏线路工程	廊坊	固安
3	宁夏公司	工业园区10千伏线路配出工程	固原	西吉
4	山东公司	10千伏岗山I、II线新建工程	济南	章丘
5	新疆公司	博湖县工业园10千伏线路工程	巴州	博湖
6	重庆公司	10千伏峰黄线新建工程	重庆	垫江
7	安徽公司	35千伏横岗变沿杨黄路10千伏线路新建工程	芜湖	芜湖县
8	河北公司	孟村10千伏希望新区4回同杆架设线路新建工程	沧州	孟村
9	冀北公司	尹华山110千伏站10千伏出线配套工程	廊坊	霸州
10	蒙东公司	10千伏猴头沟线改造工程	赤峰	松山
11	山西公司	10千伏城市2号537线路改造工程	忻州	河曲
12	浙江公司	柯城区10千伏航埠工业园区新建线路工程	衢州	柯城
13	安徽公司	35千伏港口变10千伏港口111线分后五线路建改工程	宣城	宁国
14	湖北公司	35千伏城东变电站10千伏东14东区线、东15一中线双回新建工程	荆门	京山
15	吉林公司	长春城郊2011年农网改造升级工程——10千伏丛家线改造工程	长春	城郊
16	江西公司	10千伏创业园双回线路新建	九江	永修
17	山东公司	10千伏五里堡线分线改造工程	潍坊	诸城
18	陕西公司	华山变10千伏出线工程	渭南	华阴
19	福建公司	新建110千伏六鳌变10kV龙美II线工程	漳州	漳浦
20	河北公司	磁县10千伏北城032线路新建工程	邯郸	磁县
21	辽宁公司	老边区10千伏铁南线改造工程	营口	老边
22	吉林公司	通榆县2011年农网改造升级工程——10千伏什花道线新建工程	白城	通榆
23	江苏公司	江苏省如东县石北线联络江双线工程	南通	如东
24	江西公司	10千伏罗城双回线路改造	南昌	青山湖
25	四川公司	10千伏三官路线路新建工程	成都	金堂
26	新疆公司	和硕县北山10千伏线路工程	巴州	和硕

序号	所属省公司	项 目 名 称	所属市公司	所属县公司
27	福建公司	改造35千伏三港溪变10千伏三二线	福州	闽清
28	山西公司	晋中介休市10千伏新华线路改造工程	晋中	介休
29	湖北公司	35千伏梁子湖变电站10千伏梁15朝阳线改造工程	鄂州	梁子湖
30	辽宁公司	本溪县10千伏高滚线路改造工程	本溪	本溪
31	黑龙江公司	10千伏久旭线路工程	绥化	庆安
32	陕西公司	10千伏黑池线路改造工程	铜川	印台
配电台区工程				
1	山东公司	赵坊村低压台区改造工程	德州	夏津县
2	安徽公司	襄河镇10千伏八波104线路河东新村台区新建工程	滁州	全椒
3	河北公司	武邑建材市场592线路新建台区工程	衡水	武邑
4	蒙东公司	小城子镇柳树营子一社配电台区	赤峰	宁城县
5	山东公司	刘家峪村低压台区改造工程	济南	历城区
6	安徽公司	随湾行政村朱张庄台区改造工程	阜阳	界首
7	湖北公司	35千伏长岭变电站10千伏岭17六十线月山村台区新建工程	鄂州	梁子湖
8	辽宁公司	沈阳沈北新区智能电网建设工程（智能台区）	沈阳	
9	重庆公司	垫江县桂溪集体村肖家祠堂台区	重庆	垫江县
10	河北公司	河间西村综合三区10千伏配变台区新建工程	沧州	河间
11	山东公司	大辛店木兰沟村低压台区改造工程	烟台	蓬莱
12	安徽公司	木镇黄木台区改造工程	池州	青阳
13	河北公司	冀州彭彭547线路新建台区工程	衡水	冀州
14	山东公司	房寺石门村低压台区改造工程	德州	禹城
15	安徽公司	宏村镇下梓坑台区改造工程	黄山	黟县
16	安徽公司	杞梓里镇金竹2台区改造工程	黄山	歙县
17	河北公司	枣强恒润589线路工程新建台区农网优质工程	衡水	枣强
18	河北公司	柏乡朵村039线路配变台区新建工程	邢台	柏乡
19	蒙东公司	土城子红旗村配电变台	赤峰	克什克腾旗
20	冀北公司	大厂更换高损耗配变工程	廊坊	大厂
21	蒙东公司	沙日塘新村3号台低压改造工程	通辽	奈曼旗

序号	所属省公司	项目名称	所属市公司	所属县公司
22	河南公司	杜曲镇凹张村配电台区	漯河	临颍
23	福建公司	新建中山镇老城村西片区#1配变工程	龙岩	武平
24	湖南公司	历经铺镇三桥村土地塘台区	长沙	宁乡县
25	重庆公司	茂合9队台区改造	重庆	万州
26	河北公司	正定南早现村内315千伏安配变台区新建工程	石家庄	正定
27	山西公司	长治县林移2号台区改造工程	长治	长治县
28	江苏公司	江苏省金湖县马港村配电变压器新增工程	淮安	金湖
29	宁夏公司	青铜峡广武移民安置通电工程	吴中	青铜峡市
30	新疆公司	察布查尔县纳达齐乡配电台区工程	伊犁	察布查尔县
31	冀北公司	青龙低压村网改造工程苏杖子配电台区	秦皇岛	青龙
32	浙江公司	金东区白渡村低压电网改造工程	金华	
33	江西公司	丁家山台区新建	吉安	永丰县
34	江苏公司	江苏省铜山夏湖村台片改造工程	徐州	铜山
35	江西公司	白沙岭茅坪洲台区改造	上饶	横峰县
36	湖南公司	羊耳村3组台区改造工程	常德	桃源县
37	吉林公司	东辽县2011年农网改造升级工程10千伏安农线尚五分线增产五组台区工程	辽源	东辽
38	湖北公司	110千伏安居变电站10千伏安58工业线徐嘴7#台区新建工程	随州	曾都
39	山东公司	富东居民委员会低压台区改造工程	济南	商河县
40	宁夏公司	立岗镇永兴村4社农民新居通电工程	银川	贺兰县
41	江苏公司	江苏省大丰市狮子口16号变配电台区工程	盐城	大丰
42	浙江公司	婺城区董宅村低压电网改造工程	金华	
43	西藏公司	益青乡旺秋日珠村配电台区	昌都	

目 录

前言

第一部分　管理篇

第二部分　展示篇

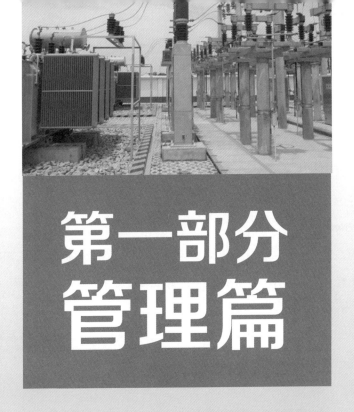

第一部分
管理篇

为加强农网工程管控，提高工程建设质量，近年来各省公司在农网工程建设与管理过程中涌现出很多好的做法，在此公司主要整理了9个省公司的经验，供各省公司借鉴，希望对各单位农网工程管理工作有所促进。

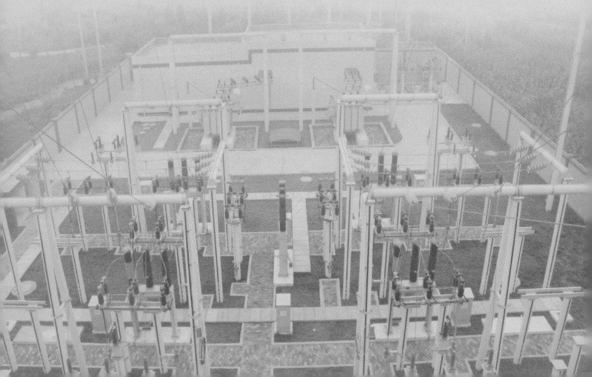

国网安徽电力"一赛一评"打造农网精品工程

国网安徽电力在农网升级工程管理中创新开展农网升级工程劳动竞赛和农网精品工程评选，将两者有机结合，提高了管理水平，提升了优质工程比率，打造出了更多农网精品工程。

一是建立了农网升级工程劳动竞赛考评机制，劳动竞赛考评标准以"六比一创"为主题（如图1所示），共计分六大项四十八个小项，129个考核点，总分500分。采取省、市公司两级进行"季度评价、年度考核"。在市公司考评阶段，市公司以县公司为单位开展评价，结合县公司申报材料、日常报表以及常态检查考核、专项调研等情况，形成所辖县公司的考评意见，于每季首月10日前，将所辖县公司上一季度农网升级工程劳动竞赛考评意见上报省公司，每年1月10日前，将所辖县公司上一年度的考核结果上报省公司。在省公司考评阶段，采用年度考评与日常考评相结合的方式，日常考评由省公司根据日常工程报表、专项检查和互查、系统数据抓取、市公司考评意见等情况进行考评，每季度公布竞赛排名，年度考评主要以现场督查和年度检查的方式进行，结合日常考核情况公布竞赛活动排名。

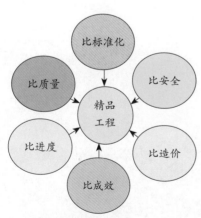

图1　农网升级工程劳动竞赛考评
机制示意图

二是建立了抓典型、树标兵、评比表彰和宣传工作机制。省公司根据市公司考评推荐，结合年度考评结果，对劳动竞赛成绩的优秀县公司予以表彰，给予一定的物资和精神奖励。对劳动竞赛成绩的优秀市公司予以表彰，给予一定的精神奖励。同时，竞赛办公室还通过不定期组织劳动竞赛现场会、开展工作座谈等形式，交流、推广优秀单位的管理经验。今年4家农网升级工程管理优秀单位分别在每季度召开的农网升级工程现场观摩会进行交流发言和经验介绍，竞赛办公室给予点评，起到很好的示范引领作用。

三是建立农网精品工程常态评价机制，并与国家电网公司优质工程评选有效融合和衔接。在国家电网公司未开展优质、百佳工程评选以前，国网安徽电力2011年6月正式印发《关于开展农网精品工程建设活动的通知》，对县公司各种投资渠道新建的农网工程项目开展精品评选，在国网公司下达有关优质、百佳工程的评选文件后，为确保农网评优工作有效衔接，在总结2011年农网精品工程评选经验，深入研究《国家电网公司农网优质工程评选办法（试行）》和评价标准的基础上，出台了评选农网优质工程和"农网百佳工程"实施细则。对列入国家电网公司"农网百佳工程"申报计划的工程项目，同步执行《国家电网公司农网优质工程评价标准》，并按照国家电网公司农网优质工程评选办法规定推荐、申报。

通过"六比一创"主题竞赛和农网精品工程评选，营造了"比、学、赶、超"的良性竞争氛围，扩大精品比率，全面提升了工程建设质量和施工工艺水平，2012年农网百佳工程数量为8个，优质工程率为70.87%，2013年农网百佳工程数量为9个，优质工程率达80.5%。

国网冀北电力创新应用信息化手段，
强化农网工程管控

国网冀北电力创新开发应用"农网工程项目管控系统"，利用信息化手段，实现农网工程全过程数字化管控，实时掌控工程动态，率先实现成套化设计，有效提升工程设计效率和质量。

一是强化全过程管控。按照"统一部署、分级应用"的原则，构建贯通省公司、地（市）公司、县公司三级的农网工程管控系统，将农网工程项目节点管控目标全部纳入农网工程管控系统（见图1），实施农网工程立项、设计、进度、档案等全过程、数字化、实时化管控。实现农网工程管控系统与ERP系统互联互通、数据共享，及时掌握物资采购计划、物料中标结果、物料价格、物料进出库等信息，物资采购计划提报的准确性大幅提升。

二是创先实现成套化设计。在国家电网公司系统率先完成10kV及以下设施成套化设计，并将设计成果与农网工程管控系统深度融合，通过智能化设计功能，变"画图"为"拼图"，减轻设计人员工作量，提高设计效率和设计质量。成套化设计的实现标志着国网冀北电力"五化"建设取得阶段成果。打造统一

图1　农网工程管理系统截面图

的标准化设计平台，实现物料成套化匹配，装配化施工，全面采用物资协议采购，正式出版《国网冀北电力施工工艺手册》，加大宣贯培训力度，全面应用标准施工工艺。

三是强化工程考核和档案管理。依托工程管控系统，以工程进度、工作质量和重点任务完成情况为重点，建立按项目和按单位多层面、多角度的考核评价体系，实时生成市、县两级同业对标情况排名及分析，确保工程考核评价的客观公正性。实行档案资料与工程进度同步管理，将节点档案资料统一上传到管控系统，并经县、市两级审查通过，该节点任务方算完成，保障档案资料规范、准确、及时。

国网河北电力坚持工程标准化，提升工程建设质量

针对农网建设中设计方案多样，物料规格型号不统一，施工工艺差别大等问题，国网河北电力以施工图设计标准化为切入点，扎实推进"五化"建设，规范施工工艺和过程管控，逐步建立了"工厂化加工、装配式施工"的农网工程标准化模式，提升了工程建设质量和工艺水平。

一是明确发展原则。按照全网规划最优原则，以"十二五"配电网发展规划和新一轮农网改造升级专项规划为基础，把提升供电能力放在首要位置，打破县域界限、城乡壁垒，将有限的资金优先用于网架建设。

二是统一建设标准。研究制定10、35kV工程最佳设计方案，编制发行《农网变配电工程标准化施工图集》，设计方案从150余种优化为18种，试点开展物料成套配送工作，制定物料成套化方案，将变台建设所需电力金具与铁附件分类打包，原来40种物资成套化后变成10类物资。

三是严格过程管控。① 将单项工程分解到县，形成工作任务分解表，每周进行数据统计，开展内部对标和综合评价。② 组织开展了以全面应用农网10kV变台标准化设计施工图为特征的知识和技能竞赛（图1、图2），让建设人员、验收人员和运行人员牢固树立"现场组装"的理念。农网项目实现了图纸设计、建设思路、设备材料、施工工艺和管控标准的"五个统一"。③ 创新督导方式，为了

图1　理论考试

图2　比赛现场

克服管理人员少、不能全部到现场的弊端，省公司创新采用3G视频远程监控的方法，对工程的建设情况、完工情况进行抽查，提前一天下发抽查通知，在远端查看工程是否完工，是否与计划工程量一致。

四是强化质量考核。要求中央投资工程、省公司自有资金工程和用户业扩工程都必须全面应用标准化施工图，并将此项工作纳入对各市公司的业绩考核，制定了考核办法和细则，每季度抽取部分单项工程对各单位的建设情况进行考评验收，提升各单位对工程标准化建设的重视程度。

五是物资采购效率。国网物资部批准了国网河北电力提报的标准化变台成套金具物料编码，实现了物料成套配送，为开展物料成套招标，降低各级管理人员在ERP系统中物料提报、审核、入库、出库等工作量，大幅度提高物资采购效率。

国网山东电力精心组织、规范操作，确保农网改造升级工程顺利实施

2012年以来，国网山东电力按照国网公司总体工作部署，加强组织领导、明确管理责任、统一建设标准、健全管控机制、保障物资供应，认真组织实施农网改造升级工程，圆满完成了年度建设任务，主要做法如下。

一是建立农网多方、各层面沟通协调机制。结合"三集五大"体系建设，对农网改造升级组织机构和本部各部门职责进行了明确，并从市、县公司借调十名专业人员充实了农网办力量，确保农网改造升级工程的协调有序推进。定期召开公司本部农网改造升级工作领导小组、工作小组例会，及有关市、县公司、监理公司参加的工程例会，通报工程进展情况，听取工作汇报，协调沟通有关问题。建立了农网改造升级工程周报表、月调度、月通报制度，及时分析工程进展情况。并结合工程现场督导情况，加强了工程里程碑计划的刚性管理，取得了较好效果。

二是健全农网配套制度，统一农网建设标准。健全完善了农网改造升级有关财务、物资、工程管理等配套管理办法，并汇总63项国家、地方有关标准和制度，形成了《农网改造升级文件汇编》。研究出台了《农网建设改造实施意见》和《农网改造升级项目管理办法》，为工程规范实施奠定了基础。按照国家电网公司农网工程标准化建设要求，在调研摸底和总结分析"典型设计"应用现状的基础上，按照"两型一化""两型三新"和"三通一标"等有关要求，结合山东省实际，制定了《农村中低压配电设施改造升级技术原则》，印发实施了《农网改造升级中低压工程典型设计》，分五期组织800余人参加了宣贯培训，为推进农网工程标准化建设打下了坚实基础，如图1所示。

三是出台中低压工程施工工艺规范，狠抓农网工程质量。严格按照"小容量、密布点、短半径、绝缘化"的建设原则，坚持改造一个区域、完好一个区域、杜绝低标准、重复性建设。高压进村采用绝缘化，配电变压器设在台区负

荷中心，台区以下低压线路全部绝缘化，彻底解决农村用电安全问题及"低电压"问题。出台了《新农村电气化建设施工工艺规范（试行）》和施工工艺示范图册，注重了施工细节，提升了施工工艺质量。抓好工程监理和设计后评估工作。组织对工程监理工作进行督导，建立沟通协调机制，确保监理工作到位。开展中低压工程设计后评估工作，对工程设计进行自查，对存在问题进行整改，确保工程质量。

图1　各种文件

四是加强农网工程现场督导，指导和督办相结合。共组成15个督导组，对95个县公司的农网改造升级中低压工程建设情况进行了现场督导，共督导检查已完工或正在施工的现场232个。通过现场督导，总结推广了基层单位的工作亮点及经验做法，对施工安全、工艺质量、典型设计应用、工程进度、设计监理、档案资料管理等方面存在的共性问题进行了分析研究，提出了整改措施和意见。针对存在问题较多的市、县公司，采取单独约谈、下发整改督办单等方式要求限期整改，有力指导督促了基层单位的工程建设。

五是加强农网改造升级宣传工作。总结提炼农网改造升级工程建设成效和管理经验，大力宣传农网改造升级工作及在改善农民生产生活条件方面取得的实效。中央电视台对长岛海缆敷设进行了直播，新华网、人民网等主流媒体网站对山东电网升级扶贫专项工程进行了宣传报道。每月公司内部编发农网中低压工程简报，为公司发展、为农网工作营造了良好的工作氛围。

国网湖南电力建立农网工程创优督导常态化工作机制

为全面提升农网工程质量管理，国网湖南电力积极贯彻国网公司相关要求，以农网工程评优为有力抓手，建立起农网工程创优监督及指导常态化工作机制。

一是认真做好农网工程创优督查策划。年初，部门预算中优先列支了"创建国网公司农网35kV及以下优质工程"专项资金，用于农网工程创优督导。同时，公司抽调经验丰富的专家，组建了农网工程创优督查组，对基层单位农网工程创优工作进行常态化的实地督查和指导。督查组年初依据农网工程项目计划安排及里程碑节点计划等精心制定全年督查计划，确保新建改造工程、保电工程等重点工程全覆盖，确保市、州公司及建设任务重、施工难度大的县公司全覆盖。

二是明确督导重点。根据《国家电网公司农网优质工程评选办法（试行）》《国家电网公司输变电工程工艺标准库》《国家电网公司农网工程10kV柱上变压器台通用设计方案施工图册》《国家电网公司农网10kV及以下线路施工工艺（教学片）》《湖南公司农网35kV及以下工程通用设计》《湖南公司农网10kV及以下工程施工工艺质量控制要点》等文件，深入开展农网工程质量通病的原因分析，将农网35kV变电站、35kV线路、配电台区及10kV线路工程的常见质量通病分别按严重程度划分成Ⅰ～Ⅲ类质量问题，并以此作为督导重点。

三是扎实开展督导工作。督查组采用不打招呼的方式深入项目部及工程现场（图1），一方面深入宣贯国家电网公司及省公司农网工程创优的相关要求；另一方面现场指出工程建设过程中存在的各类问题，一旦发现工程建设管理及施工质量达不到农网优质工程评价标准，及时下发整改通知单，尽量将质量隐患消灭在萌芽状态。2013年度督查组对14个市、州公司进行了全覆盖检查，有网改任务的109个县公司抽查了57个，抽查比例达到52%，累计检查35kV项目85个，检查10kV及以下施工现场237个。根据检查发现的问题建立了质量通病实例库，共整理出变电电气专业问题9大类64小项，变电土建专业问题29大类47小项，线路工程问题4大类27小项，台区工程问题26类，有效推动了农网工程质量通病的预防及整治工作，以点带面全面提升了农网优质工程建设及管理水平。

四是认真执行整改闭环管理。督查组每月月底对当月工作进行总结，向省公司进行汇报，并进一步研究、细化下月督查重点。每月调度会上，省公司农电部对农网工程创优督查中发现的问题进行通报。狠抓质量问题整改，确保闭环管理。省公司下发的整改通知单对整改期限、整改质量提出了明确规定，要求建设单位对当月下发的整改通知单限期整改，整改完成后必须由业主项目部组织运行部门、监理单位等共同进行验收，并形成书面的验收记录。验收后必须将相关图片、文字材料形成整改成果上报省公司（图2）。省公司对整改情况进行抽查，对于整改不力的单位严格考核。

通过开展农网工程创优常态化督导，进一步宣贯了农网工程"过程创优，一次成优"的创优理念，促进了农网优质工程创建规划的落实，全面提升了公司农网工程质量的建设水平，在争创国家电网公司"农网百佳工程"工作中不断取得新的成绩。

图1　督查组现场核查国网娄底市双峰县供电公司农网工程

图2　2013年农网工程督查整改通知单及整改回复单

国网江西电力以信息技术系统为平台的农网工程安全风险防范管理

国网江西省电力公司从确保农网改造工程安全出发，自主开发了农网工程管控系统和农电生产标准化作业支持系统，并以此为平台，实施农网工程现场安全风险全过程防范管理，实现了安全风险可控、能控、在控。

（一）构建安全风险防范信息系统平台

一是开发应用"农网工程管控系统"，规范农网工程项目管理。以工程项目管理为主线，以项目辅助编制、标准化工程设计与一体化概预算造价工具、作业现场远程监控、图形化分析为重要智能辅助手段，开发了农网工程管控系统，实现了对工程项目的省、地、县三级一体化管控，极大提升了风险防范管理的效率和效果。

二是开发应用"农电生产标准化作业系统"（SPMIS），规范施工现场作业流程。利用信息网络技术和手机通信技术，固化作业流程，通过正确引导和规范作业人员进行现场标准化作业，实现了工作票办理、评价、查询、统计等19个流程电子化操作与施工现场关键环节远程实时安全监管功能。

农电生产标准化作业支持平台见图1。

（二）推行电子化报备管理制

将安全监管关口前移、安全预控措施前置。规定农网工程施工计划必须根据年度工程项目内容，分解施工任务，按月编制月度施工预计划，按周编制日计划，并采取电子化方式登录系统报备固化；以SPMIS和生产安全管理系统（PMS）为平台，规定所有农网工程施工计划必须在PMS完成检修申请票流程，通过SPMIS办理工作票，通过PMS施工计划与SPMIS电子工作

图1　农电生产标准化作业支持平台

票自动比对功能，有效杜绝无票、无计划作业的现象；规定施工单位的施工作业"三措一案"必须电子化登录系统报备固化。通过现场勘察记录影像化手段，实现危险点提前预控。

线路现场勘察记录见图2。

（三）实行施工单位电子化管控制度

图2　线路现场勘察记录

一是实行施工单位准入和电子化管控。由安监部门对施工中标单位的营业执照、资质等级证、安全许可证、施工机械、安全用具配置情况等二次复验合格后，出具开工许可证方可开工。

二是实行施工单位关键岗位人员电子化管控制度。所有经过培训合格的施工单位人员关键信息在培训结束后，直接导入SPMIS中统一管控，未在系统中建档的人员一律没有系统开票资格。

（四）实行现场作业电子化痕迹查验制

通过SPMIS系统实现现场作业电子化痕迹查验，即应用PDA手机的拍照和录音功能记录作业现场勘察、停送电过程、安全交底、作业行为、收工点评过程的情况。

（五）强化施工作业评价考核

一是实行"两票"和现场规章制度执行情况审核制度。

二是实行施工计划上报、"两票"和SPMIS系统应用评价制度。

三是实行违章行为分级检查分级处理制度。对查出的违章行为实行分级检查分级处理，并进行处罚和通报。

四是实行施工单位违章自查自纠查核制度。对长期不检查、不处理违章的单位进行通报约谈，实行反违章积分制度并列入考核。

国网浙江电力积极创新、团结协作，努力创建农网优质工程

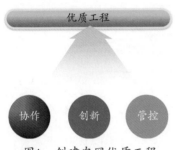

图1 创建农网优质工程

2013年国网浙江电力按照国网公司部署，积极开展农网优质工程创建工作，制定了省公司的创优评选办法和评分标准，发挥各专业部门特长、积极创新，努力创建农网优质工程，不断提升农网工程品质，更好服务新农村电网发展。主要做法和成效如下（见图1）：

一是分工协作，发挥专业部门特长，共同推动工作开展。浙江公司农电工作部和发展部、财务部、基建部、运检部等部门分工协作，发挥各自专业和管理特长，共同推进农网优质工程创建。各部门积极协作，促成农网工程的质量不断提升。农电部作为农网优质工程评选的归口管理部门，牵头制定省公司农网优质工程评选办法和标准，并负责组织公司相关部门开展农网优质工程的评选工作；发展部主要负责相关工程的规划、计划以及可行性报告审查批复等工作；财务部主要负责工程资金筹措和平衡以及指导工程的项目预算和竣工决算等工作；基建部和运检部主要负责组织实施工程的建设管理和质量管理，具体指导和督促各单位开展农网工程创优等工作。

二是各基层单位积极创新，有效提升工程品质，取得良好效果。在10kV绝缘线防雷上，部分工程采用了在配电线路上加设架空避雷线的方式、大大提高了架空绝缘线路的整体防雷能力，其他架空绝缘线工程，则采取加装防雷绝缘子、防雷金具等措施，有效提升了线路安全运行水平；在部分鸟害严重的地区的配网线路上，装设驱鸟器，消除鸟禽对线路造成的不良影响同时也不伤害鸟禽，保护了生态；在线路改造施工时，优化施工方案对负荷进行合理转移并积极采用带电作业方式，减少了因施工导致的用户停电。在配变台区工程建设时，即考虑线路的绝缘化水平，在配电箱进出线、低压架空线以及接户线都使用了低压电缆或绝

缘线，达到了100%的绝缘化率水平；所有的台区工程还都考虑了智能化应用，同步安装公变智能终端，及时掌握电流、电压、负荷、油温等参数，部分台区还应用了智能总保、智能门禁等。

三是加强现场管控和检查力度，确保工程安全优质完成。为更好地掌控工程现场情况，一些单位还有机融合了电力通信网和3G视频技术，采用可双向互动的多终端实时管控方式，对部分工程进行了远程监控，有效加大了农网工程现场管控力度。部分10kV线路工程还实施了全过程监理，采取巡视、抽检和旁站相结合的方法进行质量控制，把问题解决于施工过程中，对重要部位和关键工序进行旁站监理，并做好旁站监理记录。严格要求施工单位按照设计和规范要求进行施工，认真实施"三检制"，切实做好各工序的质量控制。另外，各单位还大力实行了工程质检周报，对工程施工中发现的问题进行仔细检查并及时督促整改，提高了工程质量。

国网福建电力创新管理机制，
"以点带面"做好优质工程创建工作

国网福建省电力有限公司从加强工程组织领导、加强工程组织协调、加强工程质量管理、加强工程招投标、物资及合同管理、加强工程资金及决算管理、强化工程安全管理、强化工程档案管理等几个方面工作入手，创新管理机制，"以点带面"做好优质工程创建工作，推动农网工程规范化管理进程，流程图见图1。

一是积极组织农配网专业培训，加大标准化推进力度。针对农配网项目量多、分散和县公司项目管理力量弱的特点，邀请相关专家及优秀项目经理开展三轮农配网专业培训。培训主要针对农配网工程档案管理、方案制定、项目全流程管理、现场施工工艺及典型设计进行。

二是推进质量管控常态化，建立农配网工程检查监督常态机制。为准确把握各单位农网工程实施情况，及时解决工作中存在的困难和问题，每月组织农网工程网联合督察，采取"抽查督导制""质量问责制"，落实巡回检查指导制度和标准的执行，发现存在问题，提出改进措施，推广先进经验。检查人员针对具体情况在现场进行指导，并将问题和建议以督查报告形式下发并及时跟踪整改情况。

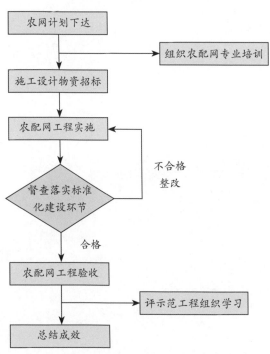

图1　福建省农网工程实施管理流程图

三是落实建设环节标准化，

确保农配网工程安全及质量。工程施工过程中，派遣项目经理进行现场督查，多个方面层层把关，对发现的工艺问题，要求施工当天整改后方可终结工作票；实行"质量问责制"和"设计施工队伍淘汰制"，加强内部质量管控，督促设计、施工单位完善自身质量保证体系；落实验收管理人员和管理责任，推行农配网统一的审图作业指导卡、配网工程标准验收卡，按统一标准验收、提高验收质量。

四是以点带面，促进整体工程管控水平的提升。为提高配网工程管理水平，深化典设应用和标准化施工工艺学习交流，国网福建电力结合工程督查，每月组织县公司开展配网工程的交叉互查，相互学习示范工程建设经验，交流标准化建设好的做法。通过检查推进工程进度并定期跟踪督查，有效促进了工程管理人员专业素质提升，提高了工艺质量管控水平。

国网宁夏电力强化全过程管控，优质高效建设农网改造升级工程

国网宁夏电力公司认真贯彻落实国家电网公司工作部署，以做实工程前期工作为抓手，以保障物资供应为重点，以施工过程管控为核心，以档案、结算等工程后期管理为着力点，规范建设程序，强化全过程管控，优质高效完成2013年农网改造升级工程建设。

（一）加强过程管控，确保按期完成工程计划

一是严格进度管控，根据农网工程进度总体要求，层层编制工程进度预控制计划，分解投资完成量，项目细化到台区，时间计划到周，制定里程碑计划，并以周统计通报完成情况。二是实行工程督办。对单项工程实行进度跟踪。按照"未开工、已开工、已竣工、已结算、已审计、已转资"等六种状态，对每项工程的实际状态按月统计、跟踪和通报考核，督促加快工程实施。对工程进度没有按里程碑计划完成的，采取"一事一督办"的原则，下发"督办通知单"限期完成并反馈办理情况。三是建立农网工程政企协作机制。组织各供电局与所在地政府联合成立农网工程建设协调小组，建立联席会议制度，定期召开工程协调会，通报工程进度，协调解决涉及工程进度的问题，及时化解矛盾，有效缓解青赔扫障等突出问题，确保农网工程顺利推进。四是强化专业管控。宁夏公司每月召开一次农网改造升级工程例会，地市公司每周召开一次农网改造升级工程协调会议。明确各级、各专业部门的工作职责，建立工程业务流程，确保业务不乱、程序不断。对工程后期的竣工、验收、结算、决算、转资、资料归档等工作，各专业部门同步进行，严格把关（资料档案模板见图1）。五是实行工程对标通报。区公司对各供电局农网工程投资完成率、项目完工率、验收率、结算率、决算率、审计率、资料归档率按周统计，向各供电局及公司相关部门通报每周完成情况，促使各局将工程的各环节工作统筹推进，保证了工程进度。

（二）注重质量管理，确保每项工程符合建设标准

一是抓典型设计的推广应用。单项工程全部套用《国家电网公司输变电工程典型设计》《宁夏农网典型设计》。二是抓工程施工质量，严格执行《农网10kV及以下线路施工工艺》《10kV柱上变压器台及进出线施工工艺规范》，力求每项工程符合工艺设计要求。三是抓工程监理。所有农网工程实行全方位、全过程监理，对关键工序、关键部位和关键阶段进行旁站监理并做好记录。四是利用数码照片技术强化工程安全质量过程控

图1　资料档案模板

制，工程属地供电所职工全过程参与质量监督和现场协调。五是严肃工程验收。单项工程竣工先由施工单位组织自验，合格后报建设单位组织验收，最后由区公司组织整体验收。验收合格下达结论，否则，限期整改。

（三）抓好后期管理，确保工程圆满收官

一是严格工程结算。设置专职技经人员，编制结算统一模板，引进工程结算软件，提高工程结算速度，确保取费规范、合理。二是落实"四同步"，做到工程量伴随工程建设同步核准，竣工验收伴随工程完工同步开展，竣工结算伴随工程量核准同步编制，物资伴随竣工结算同步核算、调库，实现工程流程化实施。三是推行分段审计。在严格执行"五制"基础上，建立了工程造价监督机制，每个单项工程竣工后，首先由通过公开招标择优选择的具有资质的3家中介机构对工程量的现场复核测量，按照现场实际审核每项工程造价，在中介机构逐项审核工程量和造价的基础上，审计部门再进行正式的竣工审计，通过严格的双重专业性监督，既保证了工程量的真实性，又保证了工程造价的合理性，实现了"结算一个、决算一个、审计一个"的流水式作业，改变了原来集中报审、反复核对的

工作方式，提高了工作效率，确保里程碑计划顺利实施。四是按照"结算一批，估转一批，预决一批"工作方式，实现财务联动，保证资产归集及时。典型决算工作流程见图2。

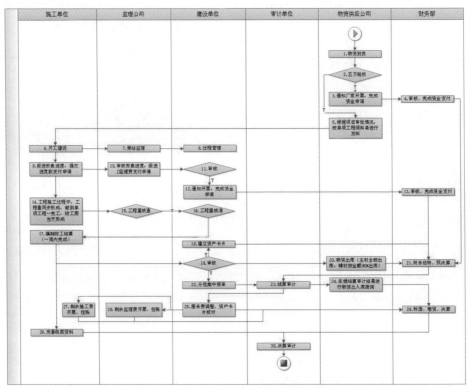

图2　中卫供电局农网10kV及以下工程竣工结（决）算工作流程

第二部分
展示篇

特色工程
亮点展示

35kV线路工程

国网山西永济吴村—李店35kV线路改造工程

一、项目概况

1. 规模及造价

工程改造35kV线路4.4km，架设光缆3.5km，工程投资224万元。

2. 建设工期

2012年5月7日开工，2012年10月10日竣工。

3. 参建和责任单位

建设单位：国网永济供电公司

设计单位：运城市电力设计院

监理单位：山西锦通工程项目管理咨询有限公司

施工单位：运城市送变电公司

4. 特点

在工程实施过程中，公司坚持科学管理，正确协调工程安全、进度、质量。为了保证工程实施进度，合理安排计划，取得了明显的成效。同时新线路采用紧凑型、同塔多回架设，电压稳定性和输送能力明显提升。

二、工程建设管理情况

本工程建设中严格执行省公司下达的投资计划及工程内容，严格工程"五制"管理，施工监理、验收、竣工决算符合要求，整体工程工艺符合标准化建设要求。

　　一是保障体系建立到位。健全完善制度、管理、监督三者有效结合的工程管理理念，形成了自上而下的安全、质量保障体系。二是人员培训组织到位。组织工程施工人员、工程管理人员、安全监督人员、供电所运行人员进行了系统的安规培训和考试，有效促进了施工队伍安全素质的整体提升。三是安全措施落实到位。开工前对施工单位的所有安全防护用具及施工机具进行了统一的登记、编号和试验，加强对现场作业的监督。四是监督检查到位。根据施工计划制订现场检查时间排序表，从工程准备、实施、投产等各个环节进行全方位监控，始终确保施工安全、进度和质量处于可控、在控和能控状态。

三、质量、工艺展示

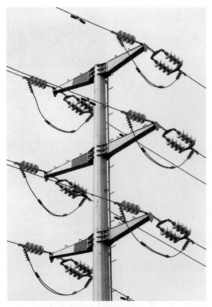 

塔上附件金具组装整齐规范，双回　　线路引流线制作整齐规范
线路色标清晰、工艺美观

国网河南唐河泗陶35kV输电线路工程

一、项目概况

1. 规模及造价

新建输电线路全长2×4.11km，共组立铁塔18基，其中钢管塔6基，角钢塔12基，导线采用LGJ-240/30钢芯铝绞线和YJLV22-26/35-3×400高压电缆。工程总投资为372.46万元。

2. 建设工期

项目于2012年2月25日开工，2012年7月15日竣工，施工周期为153天。

3. 参建和责任单位

建设单位：国网河南省电力公司南阳供电公司

设计单位：南阳电力勘测设计院

施工单位：唐河县电力安装工程公司

监理单位：南阳市明达电力咨询有限公司

4. 特点

线路位于负荷密集区，采用大截面电缆及导线同塔双回方式架设，运行色标醒目均匀，铁塔保护帽浇注符合工艺要求，基面及基础防沉层平整规范，引流线呈悬链状自然下垂，与杆塔等的电气间隙符合设计要求，螺栓、穿钉连接可靠，朝向规范。

各参建单位能按创优标准组织工程实施和监督、控制。工程管理有序，制定多项现场管理制度。工程执行标准工艺，效果突出，运行标识、警示标识等各类标识齐全，整体工程观感优良。

二、工程建设管理情况

工程建设中严格执行报审批手续，从工程图纸审查、工程的质量控制措施、安装工艺的编制、施工器具及原材料的检验，各个环节质量目标控制都进行了严格把关，对于关键项目、重要项目和质量通病等设置控制点，推行安全监督卡、现场人员花名册制度及现场工作管控卡制度，建立安全管理制度台账，开展安全专项检查和日常巡查，确保施工安全无事故。

工程施工过程落实材料检验制度，业主项目部严格抽查到场材料，材料站材料堆放整齐严格按标准化进行管理，对国家电网公司重点治理的质量通病，制定质量通病防治计划并提出具体防治目标；组织监理、施工等工程技术人员进行标准工艺学习培训，并到高电压等级工程现场观摩学习；施工中按照"样板开路，全面建设"的原则，确保施工工艺和标准的统一。

三、质量、工艺展示

铁塔无遗物、无缺件、无锈蚀、无倾斜（左）

同塔双回高压电缆引线排列整齐一致，运行色标清晰明确（右）

铁塔接地引线防盗帽

国网河北唐县花塔35kV线路新建工程

一、项目概况

1. 规模及造价

线路总长10.171km，使用铁塔43基，三联杆1基，导线型号为JL/G1A-185/30钢芯铝绞线，电缆型号为YJLV-26/35-3×300/35kV，避雷线型号为GJ-35镀锌钢绞线，通信光缆为全介质自承式24芯ADSS光缆。工程总投资259.96万元。

2. 建设工期

项目于2012年8月6日开工，2012年12月20日竣工。

3. 参建和责任单位

建设单位：国网河北省电力公司保定供电分公司

设计单位：保定吉达电力设计有限公司

施工单位：保定民用电有限责任公司

监理单位：河北电力建设监理有限责任公司

4. 特点

该工程的特点是线路处于山区，山谷多呈"V"字形，地形复杂，档距较大，根据地形与电网建设的相关规程认真选择路径，使用GPS设备精确定位、严密计算，最终确定线路施工图。

二、工程建设管理情况

成立以公司经理为组长，主管工程的副经理为副组长，相关部门为成员的领导小组。组织专业人员对农网改造升级工程进行管理，力争把每一个工程都建设为精品工程、优质工程。在创建优质工程过程中，充分调动相关人员的力量，集思广益，精益求精，针对管理过程中发现的问题，集体讨论，确定最优方案。在施工过程中，施工方、监理方、管理方定期召开碰头会；对期间的工作进行总结，寻找经验，发现不足，对下阶段工作进行讨论安排，确定施工方案，研究可能出现的问题和难题，找出解决方案。使施工过程中的每一个环节做到可控、能控、在控。

三、质量、工艺展示

铁塔组装过程中严格按照施工工艺，确保组立的铁塔保质保量

耐张铁塔耐张金具安装符合电力规程，引、跳线工艺美观，防震锤位置安装合理

大档距及交叉跨越挡独立耐张段根据设计要求使用双绝缘子，增加线路运行安全系数

国网冀北万全西山110kV配套35kV线路新建工程

一、项目概况

1. 规模及造价

本工程为35kV线路新建工程，由西山110kV站出线至万全35kV站，本工程线路全长11.1kM，采用架空线路，进出站采用电缆线路，采用YJV22-3×185电力电缆200m，其余采用裸导线，型号为LGJ-150/20，回路数为：双回2245m，单回8841m，平均档距为231m。铁塔48基。线路走径：沿西山110kV站西侧35kV出线侧，电缆线路直接由35kV配电室出线至终端塔向西建设。工程总投资为480万元。

2. 建设工期

2012年2月16日就及时开工，11月29日完工，实际施工时间只有80天。

3. 参建和责任单位

建设单位：张家口供电公司万全供电分公司

设计单位：张家口先行电力设计有限公司

施工单位：万全电力实业公司

监理单位：张家口华纬电力建设咨询有限公司

4. 特点

塞外张家口地区，冬季时间漫长，冬季施工环境较差，工程进度受限。线路路径多处于农田，路径协调要花大量人力物力，协调困难。

因基础施工为冬季施工，基础浇铸时，未采取在冬季施工时混凝土中添加防冻剂、速凝剂加速混凝土固化的传统工艺，而是在基础上方搭设保温棚，既增加了基础强度，还减少了添加剂对农田的污染。

在基础开挖中，采用无声炸药（膨胀水泥）对岩石进行无声爆破，即降低了施工危险性，又消除了普通炸药对环境的污染。

新线路缩短了供电半径，改善了电能质量，提高了万全镇的用电积极性。

二、工程建设管理情况

合理安排工期，避开农耕季节，无青苗赔偿，缩短施工时间，节省人力物力。

狠抓安全质量管理。与相关人员层层签订"安全责任状"，落实各类人员安全责任，增强全员安全意识；严格执行各项规章制度，严格审核"三措一案"及"两票"。强化安全监督管理。万全公司成立了专职农网安全稽查队，每天巡视工作现场，确保了现场无违规行为。严格落实工程监理制，将质量管理贯穿于物资购进到工程验收的各道关口。加大对隐蔽工程等中间环节的检查验收频率，采取例行检查和抽查相结合的方式，用数码照片留痕。保证了施工现场安全管理规范。施工工艺美观规范。创下了零缺陷验收，一次性核相成功，一次性验收通过，一次性送电成功的佳绩。

建立农网工程周例会协调制度。万全公司每周五召开一次农网工程协调会，对农网工程进度、安全、质量、物资到货等涉及问题进行沟通协调，现场解决。

三、质量、工艺展示

检查直线塔图

两回路塔腿刷色标漆图

35kV变电工程

国网安徽五河城东35kV变电站新建工程

一、项目概况

1．规模及造价

规模：该工程占地1.87亩。新建2台10MVA主变压器，35kV进出线两回，单母线布置；10kV出线8回，单母线分段布置。

造价：总投资680万元。

2．建设工期

项目于2012年4月8日开工，2012年11月20日竣工，施工周期226天。

3．参建和责任单位

建设单位：五河供电有限责任公司

设计单位：蚌埠电力规划设计院

土建施工单位：安徽东升建设工程有限责任公司

电气安装施工单位：五河县电力企业公司

监理单位：安徽电力工程监理有限公司

4．特点、

特点：一是严格质量、标准工艺管控。坚持"事前策划、技术先行、样板引路、一次成优"，强化过程控制、精益求精。二是严抓现场安全文明施工。设置警示提示标志、安全围栏、安全通道，增设现场安全监控，实时掌握现场安全动态。三是推广新技术应用。设备接点加装无线监温，站内设置电子围栏、红外对射、门禁管理及安全语音提示、火灾报警系统等。

二、工程建设管理情况

本工程以"打造安徽省电力公司农网精品工程、争创国家电网公司农网'百佳工程'为目标，强化过程控制，实施全面、全员、全过程、全方位质量管理。

加强组织领导。为确保工程建设质量和建设工期，建设单位成立工程项目领导组，设立业主项目部，聘任项目经理；各参建单位均成立项目创优领导小组，分别编制精品工程创建规划、创优实施细则。

完善工作机制。建立工程周例会制度，及时通报工程进展情况，协调相关事宜；制定"工程进度甘特图"，合理安排工期，实时掌握工程进度；建立现场安全质量检查考核标准，全面执行强制性条文管理要求，确保工程建设过程安全零事故，质量双百（合格率100%、优良率100%）的预控目标。

实行标准化管控。编制标准工艺应用清单，指导工程的设计、监理和施工。本工程成功推广应用标准工艺32项，标准工艺应用率达到了100%，防治质量通病效果显著。

本工程共有11个单位工程，优良率100%；37个分部工程，合格率100%；211个分项工程，合格率100%。

三、质量、工艺展示

主设备安装整齐，设备连接线美观　　开关室整洁美观，开关柜、二次柜安装整齐

35kV断路器安装规范，连接
线美观

国网重庆垫江白家35kV变电站工程

一、项目概况

1. 规模及造价

工程规模为新建变电站一座，主变压器容量2×6.3MVA，新建35kV线路19.9km。输变电工程总投资1093万元。

2. 建设工期

项目于2012年5月18日开工，2012年9月7日竣工，施工周期111天。

3. 参建和责任单位

建设单位：重庆市垫江供电有限责任公司

设计单位：重庆市腾泰电力有限责任公司

施工单位：重庆市腾泰电力有限责任公司

监理单位：重庆渝电工程监理咨询有限公司

4. 特点

盘柜的安装严格按照有关要求进行，确保了工程的安全、质量。场区内整体无沉降，排水畅通，无积水，场地的布置满足巡视要求。站内的检查井、积水井井盖统一，规范。一次、二次设备接地规范，外观无损伤。螺栓长度一致，安装紧固、出扣长度规范。盘柜安装整齐牢固、外观无损伤、无污染、电缆排列整齐、牢固，一次、二次电缆弯曲半径符合标准。二次线缆顺直、紧凑、美观。一次、二次电缆设备有效进行保护，电缆不外露，保护屏等电缆孔洞封堵美观，无遗漏。防火封堵严密，设置合理、工艺优良。积极开展"质量通病防治"的学习。在施工过程中严格进行质量通病防治工作，确保建筑物及外墙渗水、设备渗油等质量通病，使得质量通病得到有效控制。

二、工程建设管理情况

　　垫江白家35kV变电站采用《国家电网公司输变电工程典型设计　35kV变电站》典型方案设计，按照无人值班变电站建设，实现了变电站全微机保护和综合自动化系统。具有占地面积小、投资少、见效快，效益好的特点。该工程建成后提高了白家片区供电可靠性，提高供电能力，节能降损，更好地满足片区内工农业生产需要，减少事故停电时间。垫江供电公司在工程建设中坚持对工程的安全、质量全过程管理，现场施工工艺严格按照《国家电网公司输变电工程施工示范手册》和《重庆市电力公司电网建设工程创优工程要点》进行安装，工程严格执行"两型一化"的要求，体现了节能、环保、节约和美观的特点。垫江供电公司在推进白家35kV变电站建设的同时，牢记安全生产、安全建设的理念，严抓安全生产工作不放松，严格执行"到岗到位"制度，要求现场管理人员严格按照"安装调试规范"等各项规章制度建立健全安全生产体系，确保安全生产的逐级落实。

三、质量、工艺展示

一次接线工艺良好、整洁规范、母线制作横平竖直

35kV一次跨线幅度一致、工艺美观，设备安装整齐规范

二次接线整洁美观、排列整齐、弯度一致、无交叉、防火封堵工艺优良

消防小间布置与环境和谐，室外开关场布置紧凑、美观

国网安徽肥西柿树35kV变电站工程

一、项目概况

1. 规模及造价

35kV柿树变电站位于合肥市肥西县柿树岗乡，采用全户内设计（主变压器户外布置），占地808m²，其中建筑面积为345m²。主变压器总容量为15000kVA，35、10kV母线均采用单母线分段接线。建设35kV进线2回，10kV出线8回，配置无功补偿

装置2组，总容量4000kVar，35kV站用变容量为50kVA，10kV站用变容量为50kVA。工程参照《国家电网公司输变电工程典型设计　35kV变电站》典型设计方案予以设计，建设总投资780万元，是安徽省第一批农网智能化变电站建设试点项目之一。

2. 建设工期

35kV柿树变电站项目于2011年12月16日开工，2012年8月10日竣工，施工周期为240天。

3. 参建和责任单位

建设单位：国网安徽肥西县供电有限责任公司

设计单位：六安明都电力咨询设计有限公司

施工单位：合肥力能电力工程有限责任公司

监理单位：安徽省电力工程监理公司

4. 特点

35kV柿树变电站是由智能化一次设备（电子式互感器、常规断路器+智能终端等）和网络化二次设备分层（过程层、间隔层、站控层）构建，建立在IEC 61850通信规约基础上，能够实现变电站内智能电气设备间信息共享和互操作。其自动化系统不仅支持各种电压等级所需的保护、监视、控制功能，还提供变电站自动化所需的各种高级应用功能，如顺序控制、VQC、五防、小电流接地选线、视频监控、保护信息管理等，为变电站的安全、稳定、经济运行提供了坚实的保障。

二、工程建设管理情况

一是加强工期管理，坚持全过程安全管控。成立项目安全监督组，专职安全员对现场施工全过程管控；工程建设现场做到"安全管理可视化、建设工作实时化、现场作业标准化"，制定各项工序作业技术及管理提示板，使复杂的作业现场安全管理脉络清晰，确保整体工作安全平稳有序。二是加强危险点分析与预控。针对作业现场范围大、人员多等特点，在现场布置工作安装可视化展板，使现场安全措施可视化，强化技术交底和现场安全教育，突出作业中危险点的预知和预控。三是动态工期优化。针对工程采用的多项技术创新现场无经验可循的情况，现场制定工期动态优化调整机制，根据现场情况及时优化调整进度计划，加强工程节点控制，优化现场作业工序和调试方案，确保工程按期完成。四是超前谋划，重视培训学习。本次智能化建设涉及的新技术、新设备众多，较多新产品为公司第一次应用。为确保新装备、新技术不留隐患、不留缺陷一次投运成功，公司选派骨干力量到安徽省电力科学研究院、有关厂家进行培训学习，邀请专家到公司进行智能电网有关知识专题授课、邀请厂家对使用的新产品进行专题讲座，确保工程整体建设平稳、高效。

三、质量、工艺展示

变电站侧后双层框架结构，占地面积小，可操作裕度大

采用节能型主变压器，降低空载损耗，提高电能质量

10kV开关柜整体布局合理双重编号标示清晰符合安全规程

主变压器智能控制柜变压器保护装置与变压器本体之间信号传输的枢纽

国网江西鄱阳柘港35kV变电站新建工程

一、项目概况

1. 规模及造价

占地面积1518m^2，是一座35kV综合自动化变电站，主变压器2台，均为S11-6300kVA型有载调压变压器（其中一台为公司自有资金购置），35kV出线3回，10kV出线8回，10kV电容器两组，容量为2×1000kVar。该站主要肩负柘港乡、油墩街镇部分工农业生产供电任务。工程总投资709万元。

2. 建设工期

2012年2月开工，2012年9月竣工，2012年11月7日投运。

3. 参建和责任单位

建设单位：鄱阳县供电有限责任公司

设计单位：赣东北电力设计有限责任公司

监理单位：江西诚达工程咨询监理有限公司

施工单位：乐平赣东北新星实业总公司

二、工程建设管理情况

本工程贯彻落实了《国家电网公司农网改造升级工程管理办法》各项要求，严格执行了项目"五制"管理。工程投资计划下达后，工程设计、施工、监理及工程主要设备材料均按规定进行了招标，根据招标结果，建设单位分别与各中标单位签订了合同，与施工单位还签订了安全协议。施工项目部能严格按照施工合同履行职责，严格按照工程建设规程规范和施工工艺标准，认真组织交底，精心组织施工。监理项目部能根据监理规划及实施细则，加强施工人员资质审查，做好现场材料检查，做好了现场旁站监理和各项安全、质量监督工作，并规范建立各类档案。业主项目部能加强项目管理，参照国网公司《国家电网公司业主项目部标准化工作手册 110（66）kV输变电工程分册》开展工作，认真组织施工图审查，加强了工程的安全、质量、进度管理，并对施工项目部和监理项目部加强管控，做好了各项工程协调工作，确保了工程有序实施、过程可控在控。公司各级人员在变电站建设过程中认真履行到岗到位要求，全面加强了变电站的安全质量管控。

三、质量、工艺展示

主变压器实景图

设备端子箱二次接线

高压开关柜布置图

国网山东成武卢庄35kV变电工程

一、项目概况

1. 规模及造价

本期建设规模：主变压器1×20MVA，电压等级35/10.5kV，户外布置，35kV采用内桥接线，出线2回，选用真空断路器（内置电流互感器），弹簧操作机构；10kV采用单母线分段接线，出线6回，选用铠装移开式户内交流金属封闭开关柜，

双列布置；10kV电容器选用户外密集式成套装置，容量为1×3.0MVA。全站按综合自动化站设计，为无人值守变电站。工程建设总投资959万元。

2. 建设工期

项目于2012年6月20日开工，2012年11月30日竣工投产，施工周期为164天。

3. 参建和责任单位

建设单位：国网山东成武县供电公司

设计单位：菏泽天润电力勘测设计有限公司

施工单位：山东成武光达工贸有限责任公司

监理单位：山东联诚工程建设有限公司

4. 特点

本工程按照"两型一化"进行选型设计，布置紧凑、布局合理，功能齐全，工程建设中积极应用新材料、新设备、新工艺。变电站建筑物色调一致，自然美观，大门、围墙、构支架简洁端庄，墙体挑檐设置滴水线，外露基础采用倒角工艺，电缆沟盖板采用复合盖板并进行编号管理，防火墙标示清晰，户外一次设备

安装整齐，工艺精良，设备连线工艺考究，美观大方，二次电缆穿管保护到位，无一外露；屏、柜安装整齐划一；10kV保护使用就地保护控制，节省资源；二次接线绑扎顺直、整齐一致，备用芯采取封帽处理，防护措施到位。运行标志齐全规范。

二、工程建设管理情况

工程开工前，取得项目可研、核准等各类批复文件并办理规划许可证、土地证，为工程顺利实施提供了法律依据。

优化设计方案、创新施工技术、推行标准工艺、强化绿色施工。制定了切合工程实际的《工程建设管理纲要》《工程建设创优规划》等管理文件，编制了《工程质量通病防治任务书》，在施工过程中全面落实标准化建设要求，推广应用标准工艺，加强过程管理确保工程质量，定期组织开展安全质量督查，确保工程质量过程成优、一次成优。

工程建设期间做到了"设施标准、行为规范、施工有序、环境整洁"，安全文明施工符合"六化"要求，树立了国家电网公司的安全文明施工品牌形象。

三、质量、工艺展示

一次设备连线弧度一致，工艺考究，自然美观

控制线绑扎整齐、顺直，电缆牌悬挂整齐，高度一致

变电站布局紧凑，色调采用国网灰和国网绿搭配，简洁大方

主变压器安装工艺规范

10kV线路工程

国网冀北固安南孝城110kV站配套10kV线路工程

一、项目概况

1. 规模及造价

工程规模为新建四回、双回10kV线路共计13.036km（回长），工程总投资598万元。

该工程为10kV线路新建工程，由南孝城110kV站出线，敷设电缆线路0.172km×4回，至1号杆架设架空绝缘线路3.182km×4回，至51号终端杆，其中2回继续敷设电缆线路0.154km×2回，进辛营10kV开闭站，另2回备用。工程采用架空绝缘导线型号JKLGYJ-240，电缆型号YJLV22-3×240，电缆双根为一回，采用钢管杆51基。

2. 建设工期

工程于2012年5月20日开工，2012年12月10日完工，建设工期199天。

3. 参建和责任单位

建设单位：国网冀北电力有限公司廊坊供电公司

设计单位：廊坊市冠华电力设计有限责任公司

施工单位：固安县隆安电力工程有限公司

监理单位：北京华联电力工程监理公司

4. 特点

积极推广"农电作业现场移动视频监控系统"应用水平，不断完善农网施工现场安全管理机制。该系统通过3G网络传输视频数据使农网工程管理人员能够远程及时了解在建工程的实时近况，并对现场施工安全可能产生的风险进行主动分析控制。通过网络实时连接分布在施工现场的摄像头，将图像实时传回电脑设备进行监控。现场摄像头可以人工搭载，也可以车载安装或固定安装，通过视频摄像头360°旋转、适时移动达到施工现场全方位、全角度监控。

二、工程建设管理情况

全面应用农网工程管控系统，提高工程管理水平。按照其中的项目储备、里程碑计划、设计管理、流程管理、档案管理、报表管理等功能模块开展工作。项目由设计到施工全过程均在农网工程管控系统中实现。同时根据系统中工程实施里程碑计划节点要求，对施工进度进行全面监督，并根据系统中要求的工程资料随节点录入，实现了全过程在线管控和审批。

三、质量、工艺展示

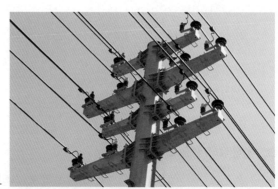

避雷器安装

终端钢杆安装（左）

线路标识牌、警示牌、
评级牌安装（右）

国网山东章丘10kV岗山I、II线新建工程

一、项目概况

1. 规模及造价

线路采用双回电缆架空混合线路，架空部分采用JKLGYJ-240/30架空绝缘线，新立双回钢管塔41基，架设线路折合单回长度5.3km，变电站出线及中段特殊地形环境采用YJV22-10/3×300电缆，长2×1.1 km。工程总投资394万元。

2. 建设工期

项目于2012年9月17日开工，2012年12月14日竣工，施工周期为88天。

3. 参建和责任单位

建设单位：国网山东章丘市供电公司

设计单位：济南章源电力有限公司

监理单位：聊城电力工程监理公司

施工单位：济南章源电力有限公司

4. 特点

积极推广使用新工艺，采用新技术，使用新设备、新材料。一是由于线路地处工业园区，生产运输活动密集，工程全程采用钢管杆，线路美观、安全系数高。二是采用了新型线路绝缘子防雷过电压保护器，在全线直线杆塔与支柱绝缘子进行并联安装，在雷击发生时有效截断工频续流，减少雷击断线事故发生。三是导线连接线夹全部采用带相色绝缘护套包裹，减少雨水对导线腐蚀。四是双回线路同杆架设，涂刷横担识别色标，有效进行区分，提高检修安全保障。

二、工程建设管理情况

工程实施过程中严格落实安全责任，贯彻落实进度管理、安全与质量管理的相互促进、共同提高。强化工程全过程安全质量管理，全面提高工程建设工艺水平。针对影响安全质量和工艺水平的突出问题，制定措施、逐项落实责任，全面推行标准工艺，实现工程过程创优。施工过程管理中严格检查和监督，做好施工技术交底，使施工人员和质检人员对工程特点、技术质量要求、施工方法与措施有全面系统了解，要求施工单位要以创精品工程为抓手，全面提升农网改造升级建设的工艺水平。加强过程监督和验收管理，施工现场派由公司专人协同监理单位进行质量监管，同时公司领导和相关单位定期巡视施工现场，查找缺陷和不足，对工艺质量不达标的坚决整改，进度严格服从质量要求。同时，严格规范工程施工过程形成的记录、表格和其他资料的积累、整理、移交、归档和保管工作，确保施工过程具有可追溯性。

三、质量、工艺展示

各相导线弧垂一致

线路施工工艺规范

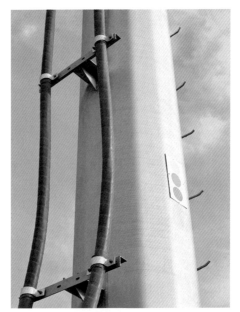

现场标识悬挂规范

电缆上杆保护管采用钢架固定电缆固定
圆滑并按要求包垫

国网安徽芜湖35kV横岗变沿杨黄路10kV线路新建工程

一、项目概况

1. 规模及造价

项目全线按双回同杆架设设计，线路路径长6.13km，全程采用18基钢管塔，98根φ230×15m混凝土杆，2根φ230×18混凝土杆，导线采用JKLGYJ-240钢芯绝缘导线，电缆型号为10kV YJV22-3×300，采用节能型金具，混凝土杆采用底盘和双卡盘安装，全线平均档距50m，工程建设总投资448.6万元，线路单千米造价36.5万元。

2. 建设工期

2012年10月10日开工，2012年12月28日竣工。

3. 参建和责任单位

建设单位：国网安徽芜湖县供电有限责任公司

设计单位：合肥志诚工程设计咨询有限公司

施工单位：科大智能科技股份有限公司

监理单位：安徽电力工程监理有限公司

4. 项目特点

本项目是芜湖县2012年民生工程，落建于芜湖县杨黄路处于丘陵地段，通道落差较大，道路新开辟、两边多为回填土、土质松软，因此电力通道在建设中有多处电杆护基防御自然灾害。全程每隔300m装设防雷过电压保护器1组、每隔500m装设验电接地环1组、短路故障指示器，装设可自动投切的真空断路器2台用于线路分段。建设线路双重编号和命名规范，线路标识和安全警示标识完整；线路标识选用了白底红字和绿底白字作为线路标识牌区分杆双回路编号，有利于运维和安全管理；钢管塔装设"禁止攀登"警示标识，终端、转角、分支杆安装相位牌；用红、蓝色横担标识双回路，全线杆塔无歪斜，安全、可靠、经济、美观。

二、工程建设管理情况

强化安全管理，确保安全施工。芜湖县供电公司坚持做好外包施工单位资质审查、现场交底和安全培训，定期开展农网外包工程安全对接会，将施工现场作为安全作业现场反违章督查的重点。开发《施工现场作业人员身份识别系统》，以提高安全稽查工作的效率和质量，确保施工现场的稽查面达到百分之百。

执行典设方案，确保建设标准。国网芜湖供电公司参照国家电网公司典型设计方案，根据本地区经济发展编制《芜湖供电公司农网工程10kV线路典型设计方案》，规范了本地区农网工程配电线路建设的标准，本线路工程参照此典设方案建设。

依据《安徽省电力公司农网10kV线路精品工程评价标准》提前控制、严把工程质量关。在实施过程中进一步细化工艺质量要求，执行施工单位、县公司、市公司三级验收制，层层把关，确保工程建设一个，合格一个。

三、质量、工艺展示

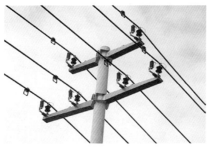

全程装设防雷过电压保护器，增强线路防雷能力

卡盘、底盘安装规范

线路工艺规范，整洁美观

国网宁夏西吉工业园区10kV线路配出工程

一、项目概况

1．规模及造价

新建10kV架空线路6.5km，导线采用
JKLGYJ-240φ190×12000型，工程造价
144万元。

2．建设工期

本工程建于2012年10月25日，竣工于2012年11月10日。

3．参建和责任单位

建设单位：国网宁夏固原供电局

设计单位：陕西超越电力勘测设计有限公司

施工单位：固原双龙电建工贸有限公司

监理单位：宁夏重信电力监理有限公司

4．特点

按照"小容量、密布点、短半径"的原则建设，优先选用了新技术、新设备、新工艺。122城网线是西吉县城网线路中所带工业用户，负荷最大的一条线路，通过此次改造，大大提高了西吉县城网的供电能力。

二、工程建设管理情况

严格参建单位的资质审查、施工人员的资格审查、施工现场的安全施工作业检查。利用配网工程设计软件，从项目材料的提取到工程的竣工结算，统一模板，加快工程竣工结算速度，提高结算质量。

施工单位与项目管理单位签订的施工合同和工程里程碑计划，倒排工期，并经监理和项目管理单位审查同意后，严格执行，加强施工的过程管理。

三、质量、工艺展示

较大跨越挡距采用三联杆，提高了线路杆塔安全系数

引户线加装抗氧化防冻管，强度高，耐寒能力强，延长了引户线的使用寿命，减少了安全隐患

线路耐张杆引流工艺规范，金具与导线接触表面光洁，施工工艺良好，安装带有防雷型验电接电环，便于运行维护工作

高压引下线安装，高压引下线安装使用双并沟线夹，加装绝缘护罩

国网蒙东松山10kV猴头沟线改造工程

一、项目概况

1. 规模及造价

10kV猴头沟线124导线采用三角排列架设方式。全线亘长2.5km，导线型号为LGJ-120/20，组立190-12水泥杆43基。工程投资为21万元。

2. 建设工期

2012年3月7日开工，2012年3月14日竣工。

3. 参建和责任单位

建设单位：赤峰市松山区农电局

设计单位：内蒙古天德电力勘察设计有限公司

监理单位：赤峰蒙东电力工程监理有限公司

施工单位：赤峰华泰电力有限责任公司

4. 特点

为了降低人工费用支出，引进了旋转式挖坑机。杆坑正直，坑壁圆滑，深度一致，便于施工，起立的电杆不易倾倒，回填土工作量小，不但提高了施工工艺，而且有效地提高了工作效率。

二、质量、工艺展示

跨河地段采用直线耐张杆型，引流线采用并沟线夹进行连接

导线在针式绝缘子上固定时采用双十字绑扎法，导线与针式绝缘子接触处缠绕铝包带

配电台区工程

国网山东夏津赵坊村低压台区改造工程

一、项目概况

1. 规模及造价

本工程投入资金45万元，建设改造10kV分支线路0.52km；建设改造变压器2台，使用非晶合金变压器，容量200kVA；改造低压线路1.68km，更换表箱55个，低压线损率由原来的6.7%降至3.2%，无低电压和故障情况的发生，满足了赵坊村日益增长的生活生产用电需求。

2. 建设工期

项目于2012年11月1日开工，于2012年11月10日竣工，施工周期10天。

3. 参建和责任单位

建设单位：国网山东夏津县供电公司

设计单位：夏津县卓越电力设计有限公司

施工单位：夏津县高低压电气安装有限公司

监理单位：山东诚信工程建设监理有限公司

4. 特点

在电网工程建设实践中、不断深入探索、研究提高施工效率和质量的手段、方法，创新管理理念，总结提炼出了工程"五化"建设要求，即标准化、专业化、工厂化、精细化、艺术化。

工作人员针对现场作业中遇到的导线曲直不一、影响美观的难题，提出攻关课题，研制了直线器、曲线器和微型放线架等简便、快捷、易操作的施工工具，推广应用到电网建设中，使安装敷设布置的线路达到了整齐划一、美观大方，提高了施工工艺和工程进度。同时，在施工中改进了电缆抱箍、接地极工艺，既简洁又便于安装，显著提升了电缆出线工艺质量。配电变压器安装时，严细到每颗螺丝的紧固都执行规程标准，严格按照"两平一弹双螺母"的标准安装台架，实行安装质量责任追究制度，强化了每名工程人员的责任，各个环节均体现细节管理。

二、工程建设管理情况

（1）成立了"农网建设升级改造领导小组"和"农网改造升级工作小组"，编制了《夏津公司农村电网改造升级项目管理办法》《夏津县农村中低压改造升级设计实施细则》等农网改造工作标准和管理办法，完善技术标准和管理办法，优化工作流程。

（2）严格细致改造，争创优质工程。改造过程中，应用GPS对线路测量定点分坑，十字绑扎法绑扎绝缘子，弛度板观测弧垂，利用拉线弧度制作器制作拉线弧度，易撞、易碰杆基制作防撞墩及防撞标识，易发生碰撞地方装设拉线警示管，按规程制作防沉土台，配电箱出线使用智能漏电开关，预留RS485通信接口等，同时使用智能电能表，实现了远程抄表功能，监测变压器的有功、无功、电流、电压、功率因数、电流三相不平衡。

三、质量、工艺展示

表箱安装工艺

进户线绑扎工艺

高低压线路同杆架设及线路T接

低压电缆出线工艺，出
线电缆全部采用穿管上
杆方式，使用了改进的
电缆抱箍，使出线管安
装顺直、美观

国网安徽全椒10kV八波104线路河东新村台区新建工程

一、项目概况

1. 规模及造价

河东新村台区新建10kV线路0.24km，新建400V低压干线1.75km，安装变压器2台，单台配变容量为S11-400kVA，配电总容量为800kVA；安装电表箱68只，单项电能表280只，低压下火线1.87km，导线型号为：VV，铜，35mm²，2芯，阻燃，22型低压电力电缆，普通用电户数280户。工程建设总投资53万元，线路单千米造价10.26万元，台区单位造价8.67万元。

2. 建设工期

项目于2012年7月19日开工，2012年7月30日竣工，施工周期12天。

3. 参建和责任单位

建设单位：国网安徽全椒供电公司

设计单位：安徽华骏电力技术有限公司

施工单位：滁州市瑞业电力安装有限公司

4. 特点

河东新村台区采用典型的BTⅢ-1直线型双杆变台JP柜吊装模式，全台区实行绝缘化，整体美光大方，施工工艺水平高，低压电缆出现实行分路管理，户表实行分相管理，户表出线产权标识清晰，拉线安装护套，地埋电缆走向埋设电缆桩。

二、工程建设管理情况

严格落实项目管理"五制"，加强对工程的统管，避免多头管理出现的交叉，减少中间协调环节，确保管理规范流程顺畅。公司始终以工程全过程建设为主线，各个节点责任到人，建立起脉络清晰的工程管理综合体系。

三、质量、工艺展示

低压线路终端杆使用新型复合式材料，工艺美观大方

低压相序牌安装规范，跳线有序

台区实行全绝缘化管理，护套安装规范，便于操作

电力宣传配套设施齐全

国网河北武邑建材市场592线路新建台区工程

一、项目概况

1. 规模及造价

该工程新增S11-100kVA配变1台，工程总投资3.24万元。

2. 建设工期

该工程于2012年7月9日开工，于2012年7月9日当日竣工，施工周期1天。

3. 参建及责任单位

建设单位：国网河北省电力公司衡水供电分公司

设计单位：衡水电力设计有限公司

施工单位：河北新衡电力工程有限公司

4. 特点

该工程严格按照国家电网公司"三通一标"（通用设计、通用设备、通用造价，标准工艺）的建设标准，施工规范，工艺美观。

积极推广应用公司农电系统的"职工创新"成果以及新技术、新设备、新工艺、新型工器具。此项工程应用了低压返线支架、绝缘导线剥皮器、低压配电柜二次出线延长板、立杆扶正器、多功能剥线钳、测距杆等多项创新成果。

二、工程建设管理情况

工程立项前期，组织各设备运行单位，走村入户对辖区内用电情况进行实地调研，科学论证。根据省发改委、省电力公司批复的计划和可研、《农村电网改造升级技术原则》《农网改造升级工程技术导则》以及电力行业相关标准规范，制定了切实可行的工程实施方案。

　　该工程设计充分考虑地区负荷增长速度、负荷密度、环境保护等因素，严格遵循国家电网公司典型设计，将台区安装于村内负荷中心处，以满足居民日益增长的用电需求，提高电能质量。

　　严抓工程安全、质量管理，施工前与施工人员签订安全、质量责任书和优质服务承诺书，加强施工安全、质量监督检查。深化作业现场安全管理，应用作业现场"七个节点"安全管理模式，应用3G视频系统，督促施工人员增强标准化作业意识，确保工程质量、安全责任到位。

　　每月开展标准化台区工艺评比工作，增强标准化施工意识，提高农网工程标准化推广率。

三、质量、工艺展示

变台金具安装排列有序，高压引线、熔断器、避雷器层级分明

变压器、JP柜垂直安装，采用固定横担进行固定，连接紧密，整体美观，标识牌及防撞标识安装规范

避雷器安装在避雷器横担上，引线连接可靠，整齐有序，并加装避雷器护罩

低压侧出线工艺规范、弧度一致

横担安装横平，螺栓穿向一致，同一水平面上丝扣露出长度一致，采用两平一弹双螺母固定

国网蒙东宁城小城子镇柳树营子一社配电台区改造工程

一、项目概况

1. 规模及造价

　　该工程投资为28.9万元。改造后将10kV线路向负荷中心延伸236m，配电变压器增容至315kVA。

2. 建设工期

　　工程为2011年度农网改造升级工程，2012年6月5日开工建设，2012年6月20日竣工投产。

3. 参建和责任单位

　　建设单位：内蒙古东部电力有限公司赤峰供电公司

　　设计单位：沈阳裕发电力工程设计有限公司

　　施工单位：内蒙古宁城恒泰电力承装有限公司

　　监理单位：赤峰蒙东电力工程监理有限公司

4. 特点

　　工程中积极推广使用新工艺、采用新技术、使用新设备和新材料，主要表现如下：

　　（1）前期使用GPS设备进行测量定点。

　　（2）使用S11型100～315kVA宽幅调容变压器。

　　（3）安装了2台总保护、6台分支保护和90台终端保护，实现了低压台区的"三级漏保"功能，组建了分级分段的保护格局。分支保护选用DZ20L型漏电保护器，实现根据分支负荷情况确定保护定值。通过"三级漏保"应用，提高了台区的安全运行水平，减小了事故停电范围。

　　（4）高、低压导线全部使用架空绝缘导线，降低线路损失，提升安全水平。

二、工程建设管理情况

　　本工程立项、可研、招投标、合同管理规范合规；工程概算控制合理，竣工材料与竣工图纸相符，工程结算准确；工程监理资料、档案资料完整。物资管理办法符合规定，出入库手续、废旧物资退库手续齐全。监理人员全过程监督工程施工，对不符合规程及施工工艺的地方及时提出整改方案，施工过程关键环节留有影像资料。

三、质量、工艺展示

弛度板观测弧垂

低压两回路出线

使用S11型100～315kVA自动调容调压变压器

拉线UT线夹安装防盗螺母，防止金具丢失，导致拉线失效

国网安徽青阳木镇黄木台区改造工程

一、项目概况

1．规模及造价

项目投资资金为22万元。项目新建
10kV线路0.55km，380伏线路1.01km，
220伏线路0.64km，新增160kVA变压
器一台，JP柜一台，改造农户67户。

2．建设工期

木镇黄木台区改造工程位于青阳县木镇镇黄山村，项目于2012年9月20日开
工，2012年12月12日竣工，施工周期83天。

3．参建和责任单位

建设单位：国网安徽青阳县供电有限责任公司

设计单位：池州电力规划设计院

施工单位：青阳县阳光电力维修工程有限责任公司

二、工程建设管理情况

一是签订安全责任状。为提高农网改造升级工程施工现场安全文明施工管理
水平，保障工程项目的安全和施工人员的安全与健康，与工程承包单位签订了
"安全责任状"。明确了工程施工单位的安全目标责任、目标责任期限以及责任要
求和考核，并加强了作业现场的安全管控力度，以确保农网工程建设安全无事故
目标的实现。

二是通过墙面"农网工程进度管控表"，每周通报工程进度，切实加强工程
建设节点管控，防止工程在个别环节出现滞留，保证工程项目的快速推进。

三是协调设备生产厂家直接将物资材料送货到施工地点，并组织项目管理单

位在现场进行验货，不仅减轻了施工单位领料的工作量，也把住了设备材料的到货验收关。

四是加强了风险点的控制。监察审计与项目管理单位加强了协调对接，对隐蔽工程、青苗补偿、废旧物资等项目跟踪监督，确保工程的健康运作。

三、质量、工艺展示

台区JP柜内部照片——无功补偿采用集中补偿方式，380V线路分两路出线，工艺规范整齐

二位非金属电表箱——采用新型环保非金属电表箱

电杆排列整齐，场景开阔

台区下户线，下户线工艺规范、美观

国网山东禹城房寺石门村低压台区改造工程

一、项目概况

1．规模及造价

石门台区更换杆架式节能型变压器一台，容量为160kVA；改造高压架空绝缘线路0.242km，改造低压架空绝缘线路3.068km，更换表箱41块；户表改造136户；更换10m电杆10基，12m电杆43基。高低压进出线全部绝缘化。工程建设总投资为37.89万元。

2．建设工期

项目于2012年11月24日开工，2012年12月12日竣工，施工周期为20天。

3．参建和责任单位

建设单位：国网山东禹城市供电公司

设计单位：山东省庆云县电力设计院

施工单位：山东省禹城市恒泰送变电工程有限公司

监理单位：山东省诚信工程建设监理有限公司

4．特点

该台区实现了用电信息监测、自动抄表、电能质量分析、漏电保护器远程控制、无功补偿设备的远程投切、油温监测及电力设备运行环境监测等功能，自动生成各项管理数据、分析曲线、报表等，不仅提高了居民的供电可靠性，提高了电能质量，也为配电台区的精细化管理提供了科学、先进的技术支持。

二、工程建设管理情况

（1）健全管理体制，理顺工作机制。

（2）规范设计，注重培训。

（3）着重抓好施工现场安全管理。

（4）对每项工程实施全过程监管，严格开竣工报告制度。

（5）积极推广应用新设备，提升电网科技水平。积极开展智能台区建设，智能台区实现了变压器低压断路器远方控制、无功自动补偿装置、变压器油温的在线监测和电网运行数据的自动采集上传等功能。

三、质量、工艺展示

低压出线使用双并钩线夹连接，并且安装低压接地环，即安全、牢固又美观

变压器，JP柜固定及进出线穿管工艺

表箱进出线采用50mmPVC管，支架采用5×50角钢二至八孔双加强支架，牢固耐用

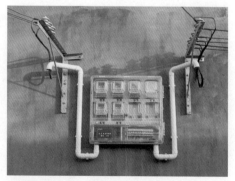

表箱采用塑钢材料，美观耐用

国网福建武平新建中山镇老城村西片区#1配变工程

一、项目概况

1. 规模及造价

本工程为新建配变S11-315kVA变压器1台，新建10kV架空线路JKLYJ-10kV-50导线0.659km，架设低压线路2.374km。安装单相电表209只，总投资49万元。

2. 建设工期

本项目于2012年7月10日开工，2012年9月10日竣工，施工周期60天。

3. 参建和责任单位

建设单位：国网龙岩供电公司

设计单位：龙岩市蓝源水利电力工程有限公司

施工单位：福建省长汀电业发展有限公司

监理单位：厦门瑞骏电力监理咨询有限公司

二、工程建设管理情况

严把工程项目审查，遵循以提高电网的安全运行、经济效益的原则，从设计源头抓起，大力推行"三通一标""两型一化""两型三新"的应用，要求设计单位必须应用"农配电设施改造技术规范""典型设计"和"农村典型供电模式"，在建设标准上，既体现技术升级，又统一技术标准。

强化现场质量监督。建立市县两级农网督查机制，对管理规范、图纸资料、施工工艺、现场安全等方面发现的问题进行通报，督促县公司及施工队伍落实整改，对整改情况纳入月度绩效考核，形成"督查——通报——整改——提升"

的闭环管理。

三、质量、工艺展示

JP柜集控制、指示、计量、保护、无功补偿、防雷等功能于一体，性能优越

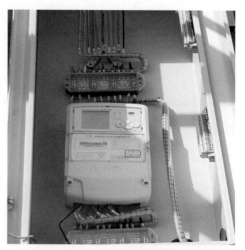

综合配电箱内安装集中采集器

接户线管采用支架进行安装固定，分布均匀，进户线PVC管引出

高低压均采用双担双瓶

国网山西长治林移2号台区改造工程

一、项目概况

1. 规模及造价

工程建设规模为改造10kV接续线0.084km，低压线路0.57km，安装100kVA配变1台，综合配电箱1台。工程建设总投资13.7万元。

2. 建设工期

项目于2012年4月6日开工，2012年5月17日竣工，施工周期为42天。

3. 参建和责任单位

建设单位：长治县供电公司

设计单位：长治供电勘测设计院

施工单位：长治市紫烨电力工程有限公司

监理单位：山西锦通工程项目管理咨询有限公司

4. 特点

工程采用非晶合金变压器，配电箱通过动态复合开关实现无功自动补偿。变台接地采用石墨接地极和三防型接地棒，安全可靠、连接方便。高架全绝缘线路有效解决了线树、线房矛盾，开关型低压电缆分支箱既可减少杆顶下线数量，又可有效控制故障范围，消除了安全隐患，提高了供电可靠性。

二、工程建设管理情况

规范化管理和典型设计为标准，提升建设质量。从规划设计、建设施工、安全质量、工程验收等各环节推行标准化管理，有序开展工程建设。

严格落实安全生产责任制。认真落实领导干部和各级管理人员到岗到位规定，切实落实施工现场安全责任监督制，彻底消除农网工程建设施工现场安全隐患。

三、质量、工艺展示

配电箱内部工艺规范　　　　　　　　进户线安装工艺整齐有序

国网宁夏青铜峡广武移民安置通电工程

一、项目概况

1. 规模及造价

本工程新建10kV线路4.5km，安装真空断路器1台，新装S11-315kVA变压器8台，新建0.4kV线路15.4km，安装四表箱50面，六表箱133面，移民户数1100户，接户线2×16集束线5.5km，进户线28.5km，安装三级漏电装置1100套。工程投资252万元。

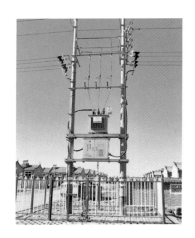

2. 建设工期

项目于2011年12月26日开工，2012年3月31日竣工，施工周期95天。

3. 参建和责任单位

建设单位：国网宁夏电力公司

设计单位：吴忠天净天能电力勘测设计有限公司

施工单位：宁夏天净天能电力有限公司

监理单位：宁夏兴电监理工程有限公司

4. 特点

"手拉手"装置——低压备自投。在同兴村#5、#6公变之间投入了智能低压母联备自投装置，该装置的投运实现了低压变台之间的"手拉手"，为电网特别是低压电网N-1提供了新的思考，提高了移民新居的供电可靠性。

酌情提高设备标准，新架高压架空绝缘线3.52km、新架低压架空绝缘线8.5km、敷设电缆300m，敷设地埋线54.6km、使用13套石墨接地极、11组高爆式熔断器等新材料、新设备，特别是针对同兴村移民区地处丘陵地带，电气设备极易遭受雷击实际现状，使用了13组跌落式氧化锌避雷器，既提高了设备的避雷保护性能，又实现了避雷器不停电的情况下维修更换。

二、质量、工艺展示

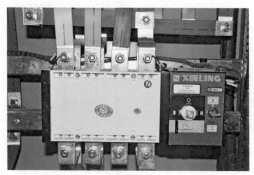

智能低压母联备自投装置内部（局部）

低压线路横担安装茶色瓷瓶，区分低压公
网相线与中线，防止发生接线错误

入户部分安装智能塑钢表箱，并做
入户线地埋处理

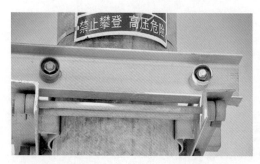

变台槽钢安装变台小托架，减轻了槽钢对
销螺杆的承重力

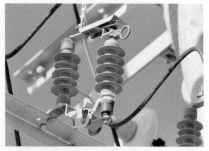

采用新型跌落式避雷器，减少因雷
击而频繁更换避雷器

国网山东商河富东居民委员会低压台区改造工程

一、项目概况

1. 规模及造价

工程项目总投资214万元，新增及改造柱上变压器13台，总容量2140kVA，改造10kV线路0.89km、0.4kV线路6.27km，改造户表2157户。

2. 建设工期

项目于2012年10月25日开工，2012年12月9日竣工，施工周期为46天。

3. 参建和责任单位

建设单位：国网山东商河县供电公司

设计单位：济南电力设计院

监理单位：聊城电力工程监理有限公司

施工单位：山东三维电力有限公司

4. 特点

将"一体式接地极、农村智能配电网监控系统"两项国家专利应用于电网建设。配电柜内安装了具有特波保护功能的智能漏电保护装置，实现远程监控、监测、遥控，杜绝了人身触电安全事故的发生。表箱内安装了具有远抄功能的费控式智能电能表和远程集抄终端，实现了低压远程抄表。

二、工程建设管理情况

严把工程质量关和安全关。举办"工艺标准"培训班，组织业务骨干进行技能培训，统一农村配网工程施工工艺标准。加强施工人员安全教育培训，强化安全管理考核。同时，管理人员深入施工现场，检查施工工序、作业流程、安全措施落实情况，杜绝了违章作业，保证工程质量。

三、质量、工艺展示

线路T接采用绝缘并沟线夹，工艺标
准及安全距离规范

变压器出线整齐规范，搭接牢靠，相序
清晰

安装具有远抄功能的费控式智能电能
表和远程集抄终端，出现了低压远程
抄表

国网宁夏贺兰立岗镇永兴村4社农民新居通电工程

一、项目概况

1. 规模及造价

新建10kV线路0.2km，导线采用JKLGYJ-10kV-70绝缘导线，190×12mm混凝土杆，安装SH15非晶合金160kVA变压器2台，新建0.4kV线路5.4km。工程投资28万元。

2. 建设工期

项目于2012年8月28日施工，2012年9月30日竣工。

3. 参建和责任单位

建设单位：宁夏电力公司银川供电公司

设计单位：宁夏天净元光科技有限公司

监理单位：宁夏重信建设监理咨询有限公司

施工单位：宁夏天净元光电力工程有限公司

4. 特点

创新实现了低压双回路自动切换不间断供电，当任一路电源发生故障（停电、欠压、过压、断相、频率偏移）均可进行电源之间的自动切换，以保证供电的可靠性和安全性。两台断路器之间具有可靠的机械联锁装置和电气联锁保护，杜绝了两台断路器同时合闸的可能性。同时预留通信接口，可实现低压系统的"遥信、遥测、遥控、遥调"的四遥功能，保证了居民用电安全可靠，达到了整体布局美观的效果。

二、工程建设管理情况

严格按照农网工程管理规定，制订合理的施工计划，做好工程前期准备工作，有效地组织工程实施，全过程质量监控，做到验收环节层层把关。在工程实施过程中，各级工程管理人员职责明确，互相协调，责任到位，确保工程在质量保障的情况下按期完成。

三、质量、工艺展示

低压电缆全部入地敷设，并按规范要求敷设电缆盖板

变压器配电箱内安装三级剩余电流动作保护系统中的一级漏电保护器，提供间接接触防护

电源分接箱内安装三级剩余电流动作保护系统中的二级漏电保护器，提供间接接触防护，同时作为线路末端剩余电流动作保护器的补充防护

为用户安装新型智能电表，电表除计量功能外，还具有远程提取数据、双向计费功能，磁卡购电，方便用户购电

永兴村低压供电线路中使用电源分接箱，将进出线电缆进行分接，电源分接箱使用绝缘材料制造，安装整体美观，使用安全

国网新疆察布查尔县纳达齐乡配电台区工程

一、项目概况

1. 规模及造价

新建10kV线路0.99km，新建0.4kV线路3.64km，新增配电变压器1台，0.1MVA，工程投资投资35.69万元。

2. 建设工期

工程于2011年11月10日开工建设，2012年5月30日竣工。

3. 参建和责任单位

建设单位：新疆伊犁电力有限责任公司察布查尔供电公司

设计单位：新建电力设计院

施工单位：新疆法思德电力工程有限公司

监理单位：新疆伊犁州电力工程质量监督站

二、工程建设管理情况

明确工程建设各方的安全责任，细化分解安全指标和责任，强化安全教育培训，提高施工人员安全意识、安全技能。严格履行施工安全协议条款，对违反安全规定的施工单位严格考核，并留有考证依据和相关手续。明确重大复杂施工各级管理人员到位职责和范围，严格履行到位监护职责。及时向施工单位提供作业环境范围内影响施工安全相关资料，依据《施工现场标准化作业指导书模板》，指导审核现场作业指导书的编制，并监督落实。

在具体工作中，一是对施工人员进行培训，使其掌握有关的安装工艺和施工技术要求；二是从工程材料上严格把关，从源头上杜绝隐患；三是定期反复学习上级有关文件，克服麻痹思想，认真执行责任终身制，要求做好各种记录，实行责任追溯制；四是项目部安排一名工程质量监督员每天下现场检查，发现问题，及时纠正；五是公司领导及质量管理人员经常深入现场检查指导；六是施工单位对完工项目首先必须搞好自查自纠，验收组搞好初验。在竣工验收时，实行分步验收和总体验收相结合的方法，对农网改造升级工程认真进行检查，逐挡距丈量，逐台区核对，逐条线检查，确保全部竣工资料与实际完全一致，及时处理复查中发现的问题并及时反馈给有关单位，限期整改，严把工程最后一道关，确保工程高标准、高质量。

三、质量、工艺展示

进出线全貌

变压器进出线采用穿管，标示齐全，工艺美观

引流线安装整齐，工艺美观

工程技术及
工艺展示

35kV线路工程

（一）土建部分

采用整体模板，基础内实外光，棱角分明

基础坑内平整规范，护坡措施安全可靠

铁塔基础规范平整

铁塔基坑分坑合理，深度、大小符合设计要求

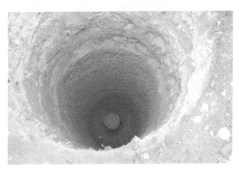

基础坑开挖，修边平整规范

（二）电气部分

导线安装

避雷器安装

塔上附件金具组装整齐规范，双回 线路
色标清晰工艺、美观

引流线近似悬链状自然下垂，工艺美
观，弧度一致

直线塔远景

转角塔远景

铁塔运行牌、标示牌安装齐全，位置规范

35kV变电工程

（一）土建部分

变电站土建基础竣工

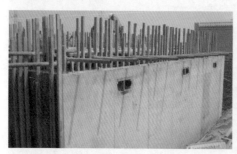

主控室拆模

主变压器基础规整

主变压器基础施工图

站内接地工艺美观

电缆沟支架安装整齐　　　　　　　电缆沟基础施工图

开关基础地脚螺栓保护帽，有效防止锈蚀　基础螺栓预埋高度一致并涂上防锈油

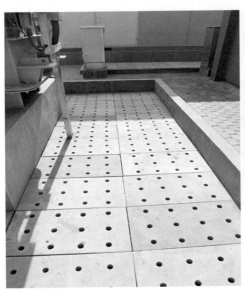

电缆沟盖板铺设顺直，编号统一，防
火盖板设置规范，站区石子规格统一
铺设平整

主变压器油池采用防风沙盖板

配电室踏步采用角铁保护

35kV配电室钢筋工程

外墙采用丙烯酸树脂外墙弹性涂
料，颜色持久耐用，墙平角直

清水墙工艺

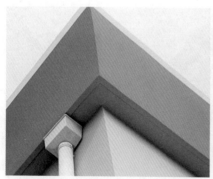

主控楼女儿墙压顶处设置滴水线，
避免雨水侵蚀墙体

围墙压顶处设置滴水线，避免雨水侵蚀墙体

倒角工艺铺文化石

屋面保养到位

室外地面硬化保护

避雷针装设规范，标识牌齐全

电缆沟阻燃点设置规范

主变压器标识齐全、完整
美观

安全标识齐全、完整美观

（二）电气部分

二次电缆整齐、封堵规范

二次设备接线图

二次接线整齐美观，电缆标牌清晰、规范，备用芯均加装号头和线帽。电缆屏蔽接地牢固可靠，满足要求

二次接线整洁美观、排列整齐、弯度一致、无交叉、防火封堵工艺优良

控制接线安装规范整齐，标号牌制作、布置规范

开关室整洁美观，开关柜、二次柜安装整齐 开关柜柜体高度、颜色一致、屏眉制作
美观、大方

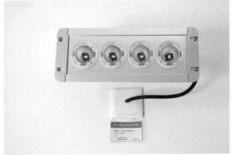

抗静电地板通过前期精心排版策划，与 事故照明采用节能灯具，引线采用预埋
墙体、屏柜连接美观，且平整接缝顺直 管，施工工艺美观

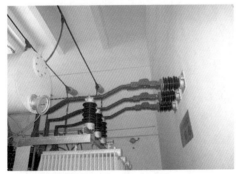

软母线、硬母线制作工艺 10kV高压室设备图

35kV户外设备安装图   真空断路器安装美观

35kV配电室整体就位

电气设备外壳接地规范

35kV户外设备接地图

所有接地扁钢均采用立弯工艺，确保了弯曲角度标准，维护方便且接地标志漂亮醒目

接地体的焊接长度不少于扁钢宽度的2倍，镀锌层破损处刷沥青防锈漆

接地引线采用扁钢经热镀锌防腐。接地引线与设备本体采用螺栓搭接，搭接面紧密。接地体横平竖直，简捷美观

主变压器二次线采用不锈钢槽盒敷设，　主变压器高、低压侧均采用绝缘化处理
美观大方

主变压器安装工艺规范，本体两侧与接地网可靠连接。电缆排列整齐、美观，防
护措施可靠

改变了控制电缆至操纵机构箱的　35kV一次跨线幅度一致、工艺美观
连接方式，使电缆不再外露，达
到了美观整洁耐用的效果

※典型工艺

设备地脚螺栓露出部分，加装保护帽，设备接地采用冷弯技术，弧度一致、规范

10kV线路工程

（一）土建部分

利用新型钻坑机械，大大提高工作效率

钢管塔基础打桩，采用强夯专用型电力杆塔管桩，该基础较传统钢筋混凝土基础浇筑施工简单方便，施工占地少，环境污染小，可缩短施工时间30天。提高了施工效率，减少了长时间停电造成的经济损失

钢管杆基础全部采用灌注桩，图中为机器灌注及灌注桩预制钢筋笼施工准备，钢杆基础结实、牢固

护墩为素砼、规格为2.2×2.4×1.5（地表高度为0.8）、混凝土强度为C20，木工板支模（模板面应刷桐油），紧紧箍固定，振捣棒移动间距为30～40cm，浇筑过程中应用小锤敲击模板侧面检查，防止洞口部位出现漏振、欠振或过振

基坑开挖应按照画好的坑口尺寸及所规定的坑深，深度允许误差为+100mm、−50mm；拉线基坑深度允许误差为−500mm。直线杆坑的中心桩位置，顺线路方向位移不应大于设计挡距的5%；垂直线路方向位移不应大于50mm；转角杆位移不应大于50mm

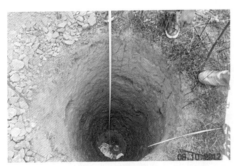

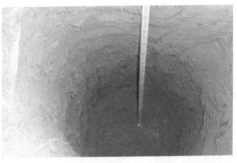

隐蔽工程检查，严格控制基础开挖深度

电杆洞定点准确，无位置偏差，洞壁平整，洞深达标，回填土逐层夯实

拉线洞：拉线洞定点准确，满足拉线角度要求，开挖过程规范，洞壁平整，深度达标（2.4m），拉线盘平直放置，逐层回填土夯实

拉线坑开挖：按照典型设计开挖拉线坑，保持足够的操作裕度，埋深符合规程要求，拉线棒与地面夹角成45°，拉线盘与拉线棒垂直，拉线棒防腐处理

人工抱杆立杆时，当电杆头部起立至离开地面约0.5m时，应停止牵引，对立杆作冲击检验，同时检查各地锚或锚桩受力位移情况，各索具间的连接情况及受力后有无异常，抱杆的工作状况及电杆各吊点、跨间有无明显弯曲现象。电杆起立于60°～70°时，继续调整制动绳，使电杆根对准底盘中心就位。后方临时拉线应开始稍微受力，并随电杆的起立而慢慢松出。当电杆立至80°～85°时，应停止牵引，缓慢松出后方拉线，利用牵引索具的质量及临时拉线

拉盘洞验收，坑深1.8m，满足拉线坑深要求

拉盘安装，拉棒金具采用镀锌件，具有一定防腐能力形成一组

水泥电杆埋深符合要求，全程电杆采用底盘和双卡盘安装——卡盘安装

水泥电杆埋深符合要求，全程电杆采用底盘和双卡盘安装——底盘安装

电杆安装双卡盘和底盘。上卡盘安装在埋深的三分之一处，下卡盘安装在埋深的三分之二处。卡盘与线路方向平行对称安装，转角耐张杆卡盘方向与受力方向垂直对称安装。装设底盘卡盘增加了电杆抗自然灾害的能力

杆坑深度应符合设计规定，电杆基础坑深度的允许偏差应为+100mm、−50mm。开挖前应掌握基坑附件设施情况，制定安全措施；坑口边沿不得堆放余土以防压塌坑壁。同基基础坑在允许偏差范围内按最深基坑持平

基础预埋件放置

底盘安装后，进行水平测量

钢管基础制造使用水平仪，位置定位精确
平衡，提高工程安装准确度，减少误差

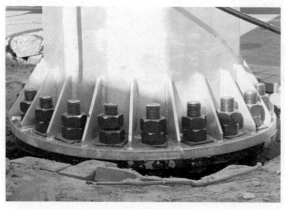

钢管杆与基础法兰连接钢管杆组
立后，其底座与钢桩基础法兰无
缝连接。螺栓自下向上穿入，双
螺母加方铁垫，丝扣露出长度满
足规程要求。线路架设完毕后对
基础连接处进行混凝土保护，达
到防腐、防盗目的

电缆预埋管敷设，预埋管敷　电杆土方回填，每500mm为一层进行夯实
设整齐，施工工艺符合规范

钢桩基础测量定位，钢桩基础
在打桩前进一步定位，测量精
度达到毫米级，以保证钢桩基
础施工的准确度，确保钢杆组
立后的倾斜度在规程规定的范
围内

电缆沟施工及电缆敷设，出口电缆沟开挖、砌筑及电缆敷设。采用全绝缘电缆支架，安全间距一致，降低工程成本。施工作业面平整，电缆敷设完成后，加装电缆沟盖板。底层支架距沟底面20cm，同时沟内设置排水管，做好电缆防水保护措施

铁塔基础钢筋笼成型图

工程拉线底把

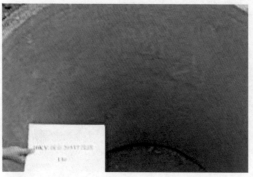

流砂坑基础浇筑方式

水坑基础浇筑

（二）电气部分

双回路横担施工工艺。①横担端部上下歪斜不大于20mm，左右扭斜不大于20mm；双杆横担与电杆连接处的高差不大于连接距离的5/1000，左右扭斜不大于横担长度的1/100。②当安装于转角杆时，顶端竖直安装的瓷横担支架应安装在转角的内角侧。③导线水平排列时，上层横担距杆顶距离不小于200mm

跨越道路、河流、架空线等采用双横担装置，提升线路安全性

全线均采用双横担加双撑脚，横担安装工艺美观，直线杆瓷瓶全部采用57-2柱式瓷瓶

放、紧线工艺采用导引绳施放，放线横过的电杆上应挂滑轮。紧线使用双钩紧线器，紧线时，一般应同时紧两边相，后紧中相。紧线过程中，杆上人员应观测弧垂，如误差在允许范围内，耐张杆做好耐张线夹后，所有直线杆即可扎线

应用农电现场移动视频终端系统对施工现场的安全、进度、质量进行有效管控，实现工程全过程管理，提高工作效率

柱上开关支架使用抱箍固定在电杆上，将柱上开关固定在支架上，柱上开关进、出线使用设备线夹连接，进、出线侧应安装避雷器

"四新"应用工艺：防雷支柱绝缘子安装在横担上，拧紧螺母。引弧棒朝向横担外侧（垂直排列的引弧棒朝向负荷侧）。绝缘导线剥开一段约60～80mm缠绕铝包带嵌入绝缘子夹线金具，拧紧螺母压紧导线，罩上绝缘护罩

"四新"应用工艺：复合棒形绝缘子安装前应对绝缘子进行检查，安装时先将锁紧销拉至连接位置，与球头挂环和碗头挂环连接后再将锁紧销打回锁紧位置

高低压同杆架设，线路全部采用绝缘化架空线路

引流线安装

线路耐张杆引流工艺规范，连接可靠，金具与导线接触表面光洁，施工工艺良好，有效地防止了导线磨损，跳线连接保持足够的安全距离，符合安全运行规程

驱鸟器防止横担落鸟或搭鸟窝

10kV耐张、转角、分支杆线架设工艺

采用双回路分色，小转角采用双绝缘
子加强

线路通道良好便于线路巡视，利于安全
运维

全程装设防雷过电压保护器，增加线路
防雷能力

拉线UT线夹安装工艺规范并加装防　采用了新型线路绝缘子防雷过电压保护器，
盗螺帽，确保拉线的完整、可靠和　减少雷击断线事故发生
安全

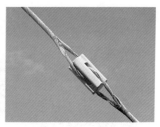

拉线制作采用钢绞线预绞丝，施工方便；拉线下把安　拉线绝缘子应安装牢固，
装防拆铝管和防盗帽，能够有效避免人为破坏　　　　在拉线断开的情况下，拉
　　　　　　　　　　　　　　　　　　　　　　　　线绝缘子距地面的垂直距
　　　　　　　　　　　　　　　　　　　　　　　　离不应小于2.5m

安装智能故障指示仪，建立故障指示
系统

采用绝缘穿刺验电接地环使施工简便

四回转角（90°）钢杆引流线弧度一致，采
用搭引线夹连接，工艺整齐规范；相序牌
采用红绿黄反光贴，安装规范，便于夜间
巡视

转角钢杆组立前钢杆基础向外角预偏，组
立后钢杆正直，不向内角倾斜。耐张段间
引流线弧度一致，采用绝缘并沟线夹连
接，工艺整齐规范

标识齐全，配置相位牌、警示牌和双
重编号牌

对应导线的相序牌安装在横担上，使用螺
母固定

工程标牌齐全、规范，标识牌、警示牌、相位牌齐全

钢杆防撞标识安装，因该工程沿路架设，须在每基钢杆安装防撞标识，防撞标识采用反光膜加PVC膜材质，背面刷胶，围绕杆身一周。有效警示过往车辆，提高线路安全运行可靠性

杆塔防撞护墩及防撞警示漆

每处拉线下方均装设警示标识，以确保人车的安全行驶和线路的安全运行

配电台区工程

（一）土建部分

杆坑深度测量：用经纬仪找准地面基准，测量两杆坑的水平度及深度2.2m

利用经纬仪在以电杆为原点的90°两条直线上，分别进行观察测量，对电杆进行微调，保证电杆中心点与中心桩之间的横向位移不应大于50mm。根开为2.5m，偏移不应超过±30mm

利用配电台区电杆底盘定点辅助装置，确定底盘位置，不使底盘发生位移

变压器台架基础安装底盘，防止变压器台下沉，兼具定位功能，保证工程质量

线路电杆基础回填

变台基础施工，工艺精良美观防沉降防冲刷

电杆校正后，进行回填土并夯实，每50cm进行夯实，松软土质的基坑回填土时，采用增加夯实次数的加固措施。回填土后的电杆基坑应设置防沉土层，培土高度超出地面30cm

※典型工艺

变压器、配电箱支架、接地体的固定严格按"两平一弹双螺母"标准安装，工艺符合标准要求

（二）电气部分

台区采用全绝缘化处理，提高了设备的供电可靠性　　低压T接杆工艺

低压耐张杆工艺

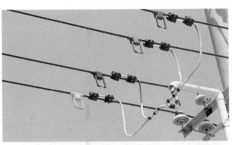

电缆出线整齐，出线弧度一致，工艺美观

低压线路耐张杆并线工艺，美观安全

低压线路终端杆安装工艺美观大方

户联线上下跳线用PVC管沿墙固定安装，实现低压无杆化沿墙敷设图

低压线路分支线安装图

避雷器连接引线，弧度一致，做到简
洁、美观

变压器接地安装规范，避雷器、变压器外壳、中性点接地、JP柜外壳接地引线分别沿横担和电杆内侧敷设并单独接地

熔断器与地面夹角控制在15°～30°；熔断器连接引线，弧度一致，做到简洁、美观，采用绝缘化处理

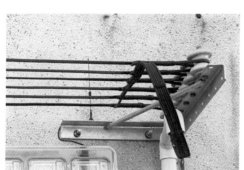 

进户线绑扎规范整齐

下户线、集抄线固定绑扎工艺规范

集表箱安装工艺简洁美观

采用非金属材料和智能电表等新材料设　悬挂式电缆分接箱、计量箱
备，实行分相管理，且安装工艺规范的电
能计量箱图

※典型工艺

拉线制作：利用拉　成品图
线弧度制作器进行
拉线弧度制作

拉线安装：UT线夹舌板与拉线间隙不大于2mm，钢绞线回头使用铁丝缠绕固
定，钢丝卡每隔100mm固定，每处回头不超过3个钢卡。UT线夹螺杆螺栓露出不
小于1/2螺杆长度丝扣，可供调紧，螺母使用防盗帽防护。拉线与电杆夹角不小于
45°。拉线位于车辆、人员易接触的地方，均装设拉线警示管，套管上端边缘垂
直地面距离不小于1.8m，并喷刷宽度200mm黄黑相间警示漆

曲线器　　　　　　　　　　导线弧度制作　　　　制作的导线弧度

下户线亮点工艺展示：施工过程中，工作人员针对现场作业中遇到的导线曲直不一、影响美观的难题，提出攻关课题，发明、创新研制了直线器、曲线器和微型放线架等简便、快捷、易操作的施工工具，推广应用到电网建设中，使安装敷设布置的线路达到了整齐划一、美观大方，大大提高了施工工艺质量

配电台区接线制作操作使用平台。该平台能够将自跌落式熔断器以下至变压器接线处（包括避雷器、复合式支撑横担等跳线）的高压绝缘线一次性制作成型和不同半径的绝缘线弧度制作、绝缘线取直，下图为成品

便携式挝弯器：该挝弯器适用于任何导线需要挝弯、走线的地点，挝弯工序简单且美观。导线挝弯工作，在上杆前完成，挝弯角度统一，整体美观整齐